LES

ÈRES RIVALES,

OU

LA CALOMNIE,

PAR MADAME DE GENLIS.

Virtue and Patience have at length unravell'd the Knots which Fortune ty'd.

DRYDEN.

Depuis que je suis né, j'ai vu la calomnie
Exhaler les venins de sa bouche impunie.

TANCRÈDE, Trag. de VOLTAIRE.

TOME PREMIER.

BERLIN,
HEZ F. T. DE LA GARDE;

Et à PARIS,

ez BARBA, Libraire, Galeries du Théâtre de la République, N°. 51.

1800.

Roehn del. DeLaunay sc.

PROMENADES
AU
JARDIN DES PLANTES, A LA MÉNAGERIE ET DANS LES GALERIES DU MUSÉUM D'HISTOIRE NATURELLE,

CONTENANT des Notions claires, et à la portée des Gens du monde, sur les végétaux, les animaux et les minéraux les plus curieux et les plus utiles de cet Établissement.

Ouvrage principalement destiné aux Personnes qui le visitent.

PAR J. B. PUJOULX.

TOME SECOND.

GALERIE ET SALLE DU SECOND ÉTAGE, CONTENANT LES DIVERSES CLASSES D'ANIMAUX. — NOTICES SUR LES DISTRIBUTIONS GRATUITES DE PLANTES, LA COLLECTION D'ANATOMIE, LA BIBLIOTHÈQUE, LES COURS PUBLICS, etc.

A PARIS,
A LA LIBRAIRIE ÉCONOMIQUE,
Rue de la Harpe, N° 117.
DE L'IMPRIMERIE DE GUILLEMINET.
AN XII—1803.

PROMENADES AU MUSÉUM D'HISTOIRE NATURELLE.

ENTRÉE

DANS LES GALÉRIES DU SECOND ÉTAGE.

Ordre simple adopté dans la visite des objets qu'elles renferment. — Distribution des quatre prochaines Promenades.

NOUS avons été obligés, par la situation et l'arrangement même des objets, de passer successivement, dans nos quatre premières Promenades, des végétaux aux animaux, pour revenir aux produits des plantes, et de visiter ensuite les minéraux, en terminant par les fossiles; mais cette variété, qui a été la suite de la diversité des objets qui passaient sous nos yeux, peut se retrouver en parcourant dans son ensemble un des trois règnes de la nature, plus attachant à lui seul, du moins pour les gens du monde, que les deux autres, parce qu'il renferme ces individus qui offrent non seulement des propriétés utiles, curieuses ou agréables, mais encore des mœurs souvent très-singulières et dignes de fixer toute notre attention.

Les animaux nous intéressent encore sous un autre point de vue. Sans doute nous changeons presqu'à notre gré quelques-unes des habitudes et des formes de certaines plantes ; mais qu'il est faible cet intérêt qui nous fait chérir des végétaux que nous avons embellis ou naturalisés par la culture, en comparaison de ce sentiment qui nous attache à ces êtres rapprochés de nous par leur organisation, et dont nous dirigeons l'instinct au point d'en faire des serviteurs zélés, des compagnons, des am is!

Et qu'on ne croie pas que c'est dans les seuls individus pris parmi les quadrupèdes et les oiseaux que nous pouvons opérer ces touchantes métamorphoses ! Non, l'on rencontre dans presque toutes les classes, parmi les reptiles, les poissons, des êtres susceptibles d'éprouver ce pouvoir de l'éducation; mais l'on sent bien qu'on doit en exclure ceux qui s'y dérobent par le séjour qu'ils habitent, et aussi par leur petitesse; tels sont ces polypes, ces animalcules qui, n'offrant en quelque sorte que des ébauches de l'animalité, ne peuvent avoir des affections morales, qui, dans tous les êtres, me paraissent suivre assez exactement la perfection, ou, si l'on veut, la complication de l'organisation physique.

Mais laissons des rapprochemens qui nous feraient insensiblement franchir la carrière modeste dans laquelle nous devons nous renfermer.

La visite des animaux de ces deux galeries aura un avantage sur nos Promenades précédentes, c'est de pouvoir se faire dans un ordre, une gradation qui, sans nuire à la variété, contribueront à laisser dans l'esprit un plus grand nombre de ces vérités utiles que, sans doute, on ne vient pas y chercher, mais qui ne sont jamais de trop dans le commerce de la vie; et, d'ailleurs, pourquoi n'aimerait-on pas à tous les âges ce genre d'instruction qui ne s'acquiert qu'en s'amusant?

Le second étage du bâtiment principal du Muséum est divisé en deux salles, ou plutôt en une grande galerie qui se présente en entrant, et en une salle qui est placée à la suite de celle-ci : cette salle ne renferme que les *mammifères*, c'est-à-dire les animaux à mamelles. C'est cette classe qui est plus connue sous la dénomination, un peu trop générale, de *quadrupèdes*, car personne n'ignore que cette dernière conviendrait aussi aux reptiles, tels que les tortues, les lézards, etc. qui ont quatre pieds, et point de mamelles. Quoi qu'il en soit, nous nous servirons de cette dénomination, plus généralement connue, lorsque nous désignerons des animaux à quatre pieds qui ont des mamelles.

Ainsi la première classe des animaux est ici, comme dans tous les ouvrages d'histoire naturelle, celle des QUADRUPÈDES A MAMELLES.

La seconde comprend, ainsi que l'indiquent les grandes étiquettes placées au-dessus des armoires de la grande galerie, les OISEAUX.

La troisième les REPTILES et SERPENS.

La quatrième les POISSONS.

La cinquième les MOLLUSQUES, qui renferment tous les animaux à coquilles.

La sixième les ANNELIDES, classe nouvellement formée, et dont le nombre des individus connus est peu considérable.

La septième les CRUSTACÉS, tels que crabes, écrevisses.

La huitième les ARACHNIDES (araignées).

La neuvième les INSECTES.

La dixième les VERS.

La onzième les RADIAIRES, tels que les oursins, les étoiles de mer, etc.

La douzième les POLYPES, dans laquelle sont rangés ces produits vulgairement appelés madrépores, coraux....

Ces sept dernières classes sont moins connues des gens du monde que les quatre premières, parce que les individus qu'elles renferment ont jusqu'ici moins fixé leur attention, si toutefois on en excepte les coquilles des animaux compris dans la classe des mollusques, et les produits de certains polypes qui font encore l'ornement des cabinets, ainsi que quelques espèces brillantes de papillons comprises dans la classe des insectes; cependant, il faut en convenir, chacune de ces classes présente, soit des généralités, soit des particularités extrêmement curieuses.

Dans la plupart des ouvrages d'histoire naturelle, ces sept dernières classes ne forment qu'une, deux ou au plus trois divisions ou classes principales, sous la dénomination d'*insectes* et *vers*, parce que l'on comprend dans cette dernière division non seulement les vers proprement dits, mais encore les mollusques, les annelides, les crustacés ou testacés, les radiaires et les polypes ou zoophytes, et que les arachnides se trouvent joints aux insectes. Il ne s'agit donc point ici de nouveaux individus, mais d'une classification nouvelle à quelques égards, et de nouvelles qualifications; et tout le monde sait que ces révolutions scientifiques dans les rangs et les noms influent rarement sur la tranquillité publique.

Quant à nous, nous adopterons sans

regret et suivrons paisiblement, dans la visite de ces galeries, l'ordre établi par les professeurs; mais il est un changement important qui, sans altérer les méthodes adoptées au Muséum, peut être introduit dans nos Promenades, et que nous proposons aux personnes qui voudront bien nous accompagner : nous le proposons d'ailleurs avec d'autant plus de confiance, qu'il s'accorde avec l'ordre établi dans l'enseignement de toutes les connaissances humaines, et que nous en avons fait usage dans un ouvrage élémentaire que nous comptons publier. Ce changement est simple, et nous eût été suggéré par la seule nécessité de conserver une gradation dans nos jouissances, d'après notre première convention.

Il consiste à commencer la visite des animaux par la classe inférieure, en remontant jusqu'à celle des quadrupèdes, c'est-à-dire à passer des polypes ou animaux dont l'organisation est la plus simple aux classes les plus voisines, pour arriver graduellement aux êtres dans lesquels elle est la plus compliquée ou la plus parfaite.

Les polypes sont en effet les premiers anneaux de cette longue chaîne dont l'extrémité est tenue par l'HOMME, le plus parfait des êtres animés, et que l'on devrait considérer comme formant *une classe* à part, composée d'*une seule espèce* et de plusieurs races ou variétés.

Cette marche, si conforme à l'ordre naturel, l'est aussi à la méthode adoptée dans presque tous les arts; car, si l'on suivait dans le dessin, par exemple, l'ordre d'enseignement introduit dans tous les ouvrages d'histoire naturelle, on semblerait vouloir forcer l'élève à dessiner l'Apollon avant de savoir tenir un crayon.

Il ne nous reste plus qu'à faire connaître la distribution de nos quatre Promenades, et sur quelle base on l'a déterminée : cette base, c'est l'observation, ou, si l'on veut, l'expérience. Nous avons remarqué le temps que chaque compagnie employait à visiter telle ou telle partie de ces galeries, et nous avons distribué nos Promenades en conséquence : par exemple, toujours ou presque toujours ces compagnies ont mis autant de temps à observer les oiseaux, qu'elles en ont employé à visiter tous les autres objets réunis dans ces galeries ; et, quant aux quadrupèdes à mamelles, ils arrêtent seuls autant de temps que les reptiles, les poissons et les sept autres classes. En conséquence, sans égard à l'intérêt qui attache les naturalistes et nous-mêmes à telle grande famille d'animaux, nous nous soumettons, et, prenant pour seule loi le goût de gens du monde avec lesquels nous devons parcourir ce magnifique dépôt, nous faisons le sacrifice de tous les détails que pourrait nous fournir la seule classe des insectes, pour réunir dans une seule

Promenade la visite des polypes et des huit autres classes, en comprenant même les reptiles : nous en emploierons ensuite deux à voir cette belle collection d'oiseaux, et la quatrième sera consacrée à la visite des quadrupèdes à mamelles.

Que de détails il me faut effacer pour me renfermer dans ces bornes étroites! N'importe, je me suis soumis pour ne pas encourir la colère de ces dames qui reculent d'horreur au seul aspect d'une chenille, et tomberaient mortes d'effroi si elles rencontraient sous leurs pas une de ces grosses araignées des Indes, sur lesquelles je promets de ne pas arrêter long-temps leurs regards.

« Mais, me diront-elles, qui a pu recueillir cette nombreuse collection d'insectes divers, laquelle suppose un choix fait dans des myriades d'individus? » — Qui!... Il n'est personne qui, ayant fait quelque promenade au Muséum, n'ait rencontré, sur-tout dans le Jardin de l'École, et vers la chûte du jour, un vieillard dont le visage est brûlé et la tête à demi-chauve. Son costume paraît tenir à deux époques éloignées : son habit a quarante ans ; mais son vaste chapeau gris est de la fin du dix-huitième siècle. Préoccupé d'un seul objet, il se promène comme on court : regardant toujours çà et là, sans cependant avoir l'air distrait, il ne cherche, ne voit dans la nature qu'une seule classe d'animaux. Insensible au chant du rossignol, il écoute avec intérêt le bourdonnement d'un frêlon : il passerait sans les voir, ou du moins sans s'arrêter, devant les pyramides d'Égypte ; mais il a des yeux de lynx pour appercevoir une chenille, une chrysalide, un cocon, même un ciron gros comme un grain de sable. Fin chasseur.... aux papillons, il les saisit au vol sans décolorer leurs ailes brillantes : philosophe entomologiste, il connaît mieux les insectes que Montaigne ne connaissait les hommes. Quand vous le rencontrerez dans l'enceinte du Muséum ou dans les rues adjacentes, demandez au premier venu quel est son nom, son état, et l'on vous dira : C'est le PÈRE LAURENT, pourvoyeur d'insectes, et chargé de chasser pour le compte de cet établissement. Mais pourquoi demander quel est son état? Jetez un coup d'œil sur les larges bords supérieurs de son chapeau, et vous verrez sur ce champ de douleurs une foule d'individus de diverses familles, qu'il a arrachés à leurs ménages, à leurs travaux, à leurs festins, pour les embrocher sans pitié, en attendant qu'on leur accorde les honneurs de l'exposition aux galeries du Muséum ou dans le cabinet de quelque naturaliste.

Le *père Laurent* n'est pas moins connu dans les environs de Paris, que dans ceux du Muséum; il a ses rendez-vous de chasse, ses cantons favoris; il peut vous dire quels lieux habitent de préférence ces grosses chenilles qui produisent le *grand paon de nuit*, un des plus grands papillons de nos contrées.[1] Sa chasse étant utile aux cultivateurs, ceux-ci, tout en s'amusant de sa singulière occupation, le traitent avec bonté, et quelquefois, en échenillant, lui mettent de côté des chenilles qu'ils espèrent lui être utiles; enfin, le père Laurent, original dans ses goûts, et simple dans ses mœurs, n'a pour ennemis naturels ou pour rivaux redoutables.... que les moineaux et les hirondelles.

---

[1] J'en demande pardon aux naturalistes; j'appelle ici papillon ce que les uns appellent une *phalène*, et d'autres un *bombice* : mais j'écris pour être entendu des gens du monde, et je ne puis me résoudre, dans un ouvrage du genre de celui-ci, à donner des noms particuliers à des insectes qu'ils réunissent sous la dénomination générale de papillons.

Ve PROMENADE.

Visite des polypes, polypiers, vulgairement zoophytes, madrépores, coraux. — Des radiaires, contenant les oursins, etc. — Des vers, tels que le ver solitaire, les dragonnaux. — Des insectes et des araignées. — Des crustacés, tels que crabes, écrevisses. — Des annelides. — Des mollusques ou de leurs coquilles. — Des poissons. — Et des reptiles et serpens.

D'APRÈS la distribution que nous venons d'exposer pour les quatre promenades qui ont pour objet la visite de tous les animaux conservés dans les deux galeries du second étage, c'est par les POLYPES que nous devons commencer.[1]

---

[1] En entrant dans la grande galerie par la porte principale, il faut aller jusqu'à l'extrémité opposée, et l'on se trouve à l'entrée de la salle des quadrupèdes : alors les polypes se voient à notre gauche. C'est aussi

Les polypes n'ont été étudiés avec soin que depuis environ quatre-vingts ans, et l'on ne recueille dans les cabinets que les produits d'une partie de ces animaux; ce sont ces produits, généralement connus sous le nom de madrépores et coraux, que les naturalistes ont long-temps rangés au nombre des plantes marines; et lors même qu'on a été détrompé, on a conservé à cette classe de productions une dénomination modifiée, qui tient beaucoup de l'ancienne erreur : c'est ainsi que dans presque tous les ouvrages d'histoire naturelle et les cabinets, ces productions sont encore désignées par le nom de *zoophytes*, mot composé, qui signifie *animaux-plantes*.

Tous les polypes sont aquatiques,

---

de ce même côté que sont placés tous les animaux que nous visiterons dans cette Promenade, en remontant jusqu'à la porte par laquelle nous sommes entrés.

mais tous ne composent pas de ces corps solides qui ont la consistance de la corne ou de la pierre, tels que ceux qui garnissent ces huit armoires :[1] quelques-uns sont nus et se transportent facilement d'un lieu à un autre, tandis que la plupart de ceux qui forment les coraux, madrépores, etc, , demeurent comme attachés au lieu de leur naissance; mais la propriété qui rapproche tous ces êtres extraordinaires, et qui engage à les réunir dans une même classe, est la faculté de se reproduire soit par *bouture*, soit par des excroissances que l'on peut considérer comme de véritables *bourgeons*, qui se détachent du tronc principal, soit enfin par une véritable division ou scission de leurs corps.

Il ne faut pas avoir vécu long-temps à la campagne pour savoir que les bou-

---

[1] On voit que je continue à désigner par le mot armoire chaque division extérieure.

tures sont des branches, qui, détachées de la tige et plantées en terre, produisent de nouvelles plantes, et que chaque bourgeon contient aussi un végétal complet que l'on peut transplanter sur un autre, au moyen de la greffe.

Comme l'on ne desire avoir des notions que sur les espèces dont les individus ou les produits sont conservés dans ces galeries, nous ne nous arrêterons pas à décrire l'organisation particulière des *polypes nus* : les noms des genres de la plupart de ces derniers sont inscrits sur un carton placé au bas de l'armoire, à côté de la porte de la seconde galerie.

Les *polypes coralligènes*, c'est-à-dire ceux qui produisent des tiges rameuses ou des masses de substance plus ou moins dure, semblables à celles que nous avons sous les yeux, sont réunis dans un ordre qui comprend aussi quelques espèces de polypes nus; cet ordre embrasse tous les polypes *à rayons*, ainsi désignés par les naturalistes, parce que leur bouche est entourée d'espèces de bras ou *tentacules* placées sur une ou plusieurs rangées, ce qui leur donne l'aspect de rayons mouvans : ces bras paraissent destinés, dans quelques individus, non seulement à toucher, mais à arrêter, à amener leur proie vers une espèce de sac dont le fond est fixé sur le *polypier* et dont l'entrée sert également de bouche et d'anus. Ces parties extrêmement simples constituent ces animaux de consistance gélatineuse, qui habitent et forment cette foule de cellules que nous remarquons dans presque tous les polypiers : il en est qui sont trop petites pour être distinguées sans le secours du microscope, et l'on sent bien que celles-ci sont formées et habitées de véritables animalcules. L'on conçoit maintenant comment les premiers observateurs ont pu prendre ces bras ou tentacules en rayons pour des fleurs, et donner en conséquence, à cette réunion d'individus sur un même tronc, le plus souvent fixé sur un corps solide, le nom de zoophytes.

Ce sont principalement les animaux de ces zoophytes, ou polypiers coralligènes, qui se multiplient par bourgeons; et la diversité de leurs positions sur le tronc principal où ils établissent leur demeure, engendre cette grande variété dans les formes des polypiers. Ces animaux, ayant une organisation à peu près semblable, c'est à leurs produits que l'on a donné les noms particuliers portés sur les étiquettes auxquels les amateurs ont ajouté beaucoup de dénominations devenues vulgaires; au surplus on a d'autant mieux fait de les classer par la forme et la substance de leurs polypiers, que les naturalistes les plus justement estimés ne sont pas encore d'accord sur la manière dont ils se multiplient, et même sur celle dont ces polypiers s'augmentent.

Presque tous ces produits ne servent que d'ornement dans les cabinets d'histoire naturelle, et d'objet d'étude pour les naturalistes.

Le *corail* (à la cinquième armoire en allant de gauche à droite), dont on voit ici un grand nombre de variétés ; et les *éponges* (à la dernière) ont des usages connus de tout le monde.

Les *pennatules*, au-dessous et à côté des coraux, présentent un phénomène assez extraordinaire ; au lieu d'être fixées aux rochers ou sur d'autres corps, comme la plupart des polypiers, elles voguent sur les mers, et répandent dans la nuit une lumière fort vive.

Le prix qu'on attache aux autres polypiers, dépend de la bizarrerie de leurs formes autant que de la rareté de quelques-uns.

On sent bien que la dénomination générale de RADIAIRES, donnée à la classe des animaux qui garnissent les deux armoires immédiatement placées après celles des polypes, est due à la situation radiée qu'affectent leurs organes. Une partie de ces animaux a été nommée par quelques naturalistes *vers échinodermes*, tandis que d'autres les placent avec les mollusques, et d'autres enfin avec les zoophytes. Ce sont ces animaux généralement connus sous les noms d'*oursins*, d'*étoiles de mer* et de *têtes de méduses*. Ce qui les distingue principalement des animaux à coquilles que nous verrons bientôt, et des polypes que nous venons de voir, c'est que l'enveloppe, plus ou moins coriace, et même solide, qui les recouvre, est une véritable peau, dont une partie de leur corps ne peut point se séparer.

Il y a, parmi les *oursins* proprement dits, des espèces que l'on mange : les parties de leur corps qui se rompent ou que l'on coupe, repoussent assez vîte; et ce qui paraît assez singulier aux personnes qui voient ces animaux pour la première fois, c'est que les épines, plus ou moins longues, que l'on remarque sur quelques espèces, se meuvent dans tous les sens selon les besoins ou les caprices de l'animal.

LES VERS forment aussi une petite classe particulière à laquelle on a destiné les deux armoires qui suivent ;[1] mais la plupart des individus conservés dans des bocaux appartiennent à la classe des insectes, l'une des plus nombreuses du règne animal.

J'ai remarqué que les gens du monde confondaient assez souvent les vers avec les larves d'insectes, parce que, parmi ces dernières, beaucoup n'ont point de pattes, et que la plupart rampent comme les vers; mais toutes les

[1] Ils sont momentanément placés dans l'armoire qui est à côté de la pendule.

larves subissent une ou plusieurs métamorphoses; les vers naissent et meurent avec la même forme.

Comme il n'y a ici que peu de vers, à cause de la difficulté qu'on éprouve à les conserver; et d'ailleurs, comme les gens du monde ont pour ces animaux une sorte de dégoût, nous passerons rapidement sur cette classe que quelques naturalistes ont confondue avec celle des insectes.

Plusieurs des individus de cette classe devraient être étudiés profondément par les hommes qui se livrent à l'art de guérir, puisqu'ils vivent et se multiplient dans le corps des autres animaux dont ils altèrent la santé, et auxquels ils causent souvent la mort. De ce nombre sont les *tœnia*, vers plats et composés d'articulations distinctes, dont plusieurs espèces vivent dans l'homme, et sont fort mal nommées *vers solitaires*. Il paraît que ces espèces sont plus variées et plus grandes dans le nord de l'Europe qu'en France : on en trouve sur-tout en Russie une qui a quelquefois plus de cent pieds de long (plus de 34$^{mét.}$), et environ six lignes de large (13$^{mill.}$5), tandis que les *cucurbitains*, qui sont quelquefois réunis en grand nombre dans les intestins d'un seul homme, ont rarement moitié de cette longueur ; et cependant causent, ainsi que le tænia *commun*, qui n'a guère que la cinquième partie en longueur, des ravages terribles, et souvent la mort.

C'est aussi à des vers *intérieurs* qu'est due cette maladie remarquable des moutons, qu'on appelle la *folie*, parce qu'elle les fait sauter et tourner : les vers qui attaquent ces animaux, et qu'on nomme *hydatides*, se logent dans leur cerveau.

C'est encore à des espèces de cette classe d'êtres, presque tous mal-faisans, que sont dus les douleurs aiguës et quelquefois les maux graves que, dans l'Asie et l'Afrique, on éprouve lorsqu'on marche pieds nus : il existe dans ces contrées brûlantes des *dragonneaux*, plus connus sous le nom de *vers de Médine*, qui s'introduisent d'abord dans les pieds, et se glissent quelquefois sous la peau, jusque dans la poitrine ; une autre espèce, trop commune dans les marais de la Laponie, nommée *furie* par les naturalistes, nom trop doux, auquel plusieurs voyageurs ajoutent celui d'*infernale*, a, ainsi que les dragonneaux, la forme d'un morceau de fil, et porte sur le corps une rangée de poils rudes, presque épineux, couchés en arrière : si un coup de vent ou quelque autre effort jette une furie infernale sur le corps de l'homme ou d'un animal, il s'y introduit avec une telle vélocité, que la mort la plus douloureuse en est souvent la suite. Enfin je doute que, dans toute cette classe, on trouve plus d'un être utile pour nous ; c'est la *sangsue* ordinaire dont tout le monde connaît l'usage. Au surplus, il paraît que nulle espèce d'animal n'est exempte de l'attaque de quelque vers intérieur, pas même les poissons et les chenilles; enfin, ce qui augmente le péril, c'est que la plupart de ces vers régénèrent les parties du corps qu'on leur coupe, et qu'il y en a même dont les deux portions séparées forment en peu de temps deux individus isolés, et chacun aussi dangereux que le tout dont il faisait partie.

La classe la plus nombreuse en espèces, celle dont tous les individus se rapprochent par la faculté, aussi curieuse que remarquable, de subir des métamorphoses avant d'atteindre leur état parfait, les INSECTES enfin, qui ont des formes, des couleurs, des habitudes si variées, réclament notre attention. Il est une observation que peut-être peu de personnes ont faite, c'est qu'en laissant de côté la plupart des récits faux ou exagérés, les insectes, dont on connaît environ quinze mille individus différens, n'offrent pas autant d'êtres directement destructifs de l'homme et des animaux, que l'on en compte dans cette seule classe des vers composée aujourd'hui de moins de deux cents espèces.

Les insectes seuls garnissent dix armoires ou panneaux; nous allons remonter en face du premier, pour suivre, dans cette visite, l'ordre que le professeur a établi.

Il n'est personne qui n'ait entendu parler de l'étonnante métamorphose que subissent ces animaux; mais quelques-unes ignorent que ces chenilles, nues ou soyeuses, qui leur causent tant de dégoût, doivent un jour attirer leurs regards, et exciter leur admiration sous les couleurs brillantes des métaux que nous offrent beaucoup de scarabés, ou sous la forme et les couleurs encore plus variées des papillons : c'est, en effet, sous cette forme de chenille ou de *larve*, assez semblable à un vers, que l'insecte sort de l'œuf; c'est aussi dans cet état qu'il fait le plus de ravages dans les champs, en rongeant les racines, les tiges, les fleurs et les fruits : mais, après avoir changé plus ou moins souvent de peau, et avoir vécu plus ou moins de temps sur la terre ou dans son sein, il paraît sous une nouvelle forme : alors immobile, ou presque tel, l'insecte n'est plus qu'une *féve* pointue assez ordinairement brune, et qu'on appelle *nymphe*, ou bien elle est d'un jaune d'or, avec quelques dessins bruns, et on la nomme plus particulièrement *chrysalide*. Quelques chenilles, avant de subir cette métamorphose, se filent une petite demeure ovale dans laquelle elles s'enferment, et c'est une chenille de ce genre qui nous fournit la *soie*; d'autres ne font que s'attacher, par des liens de la même matière, à des corps durs, ou même s'entourent avec une feuille qu'elles roulent : toutes enfin choisissent un lieu tranquille, sombre, qui soit à l'abri des vents et de leurs ennemis, pour recevoir leur forme de nymphe, sous laquelle le plus grand nombre, étant dans un état de mort apparente, est incapable de défense. C'est de cette enveloppe que sort, soit la même année, soit l'année suivante, l'*insecte parfait;* et c'est dans ce dernier état seulement que la femelle pond des œufs dont les germes passeront par ces différentes métamorphoses avant de présenter des individus semblables à elle.

Les premiers observateurs qui, ayant une imagination vive et riante, ont voulu peindre le spectacle singulier qu'offre cette variété de formes dans un même individu, ont dû l'embellir encore par des fictions ; mais, il faut cependant l'avouer, la mythologie n'offre rien de plus piquant que les singulières métamorphoses que nous pouvons voir s'opérer sous nos yeux, et qui s'étendent même aux goûts, aux habitudes, j'oserai presque dire au caractère moral de l'insecte; car il est des chenilles qui, ne cherchant que les endroits sombres, les lieux couverts, fuyant la société de leurs semblables, et ne paraissant exister que pour satisfaire leur voracité, devenues papillons, cherchent la lumière la plus vive, ne respirent en quelque sorte que pour voltiger, ne se nourrissent que du nectar des fleurs, et dont la vie èntière ne semble consacrée qu'au plaisir.

Ces détails, peut-être trop succincts, sur les phénomènes que nous offrent les insectes en général nous dispenseront de revenir sur leur organisation. Un entomologiste (Pierre Lyonnet) a fait un volume in-4° sur la seule chenille du saule, et cet ouvrage est regardé par les naturalistes comme un chef-d'œuvre dans lequel il n'y a rien de trop... et nous, nous emploierons seulement quelques instans à parcourir ces nombreuses familles; et il m'est à peine permis de leur destiner quelques pages!... Je ressemble à un avare qui, jeté dans une salle remplie d'or, serait obligé de borner sa fortune à ce que ses poches pourraient contenir.

Sans nous arrêter aux caractères sur lesquels sont fondées les distinctions des grandes tribus et des familles ou ordres, et qui généralement sont pris de la forme de la bouche, de celle des ailes et étuis qui les recouvrent, ainsi que de leur position, et ensuite du nombre des articles ou articulations que l'on remarque à cette espèce de doigt alongé, appelé *tarse*, lequel est très-apparent dans un grand nombre d'insectes, nous allons indiquer rapidement ce qu'il y a de plus curieux dans les habitudes de quelques-uns, en suivant autant que possible l'ordre des numéros, qui sont ceux des genres; nous devons seulement faire observer que les individus du même genre sont souvent placés sur deux panneaux en largeur. Ainsi nous commencerons par les deux premiers, et nous les suivrons ainsi deux à deux, en allant du haut en bas et de gauche à droite.

Un coup d'œil suffit pour s'assurer que tous les individus qui remplissent les six premiers rangs de panneaux se ressemblent par un caractère qui est facile à distinguer : ce sont ces ailes généralement dures, coriaces, qui recouvrent et abritent presque toujours d'autres ailes plus ou moins transparentes, et que tout le monde a été à portée de bien voir dans le hanneton, insecte fort commun, même dans les villes. Ces ailes supérieures ont fait donner à la grande tribu, qui en est pourvue, le nom de *coléoptères*, mot composé qui signifie *ailes à étuis*; et l'on peut dire que cette tribu, la plus nombreuse de toutes en individus, a été la plus étudiée, et qu'elle est aussi la mieux connue.

Le premier genre, celui des lucanes, nous offre un des plus grands insectes de nos climats, le *grand cerf volant*, ou LUCANE *cerf*, lequel doit son nom aux *mandibules* longues et dentées, assez semblables, pour la forme, aux bois des cerfs; aussi appelle-t-on les femelles des *biches*. Les lucanes vivent plusieurs années dans leur état de larves, sous la forme d'un gros ver blanc, qui fait beaucoup de tort au tronc et aux racines des arbres dont elles rongent l'intérieur.

Les *scarabés*, dénomination dans laquelle on comprenait autrefois plusieurs genres d'insectes, sont très-singuliers de formes; ils vivent dans les terreaux. La plus grande espèce, qui est le *scarabé Hercule*, dont la longue corne est recourbée, est commun aux Antilles.

Les *copris*, appelés aussi *bousiers*,

parce qu'ils vivent dans les bouses de vaches, et les *géotrupes*, plus connus sous la dénomination de *stercoraires*, qui indique des goûts non moins sales, contribuent à débarrasser la terre des immondices : c'est à ce service que le bousier d'Égypte, dont le corps est brun, aplati, et la tête plate, dentelée, doit le titre de *sacré*, et le respect des anciens Égyptiens, dont le culte s'étendait à tous les animaux utiles; ils ont figuré celui-ci dans leurs pierres gravées et leurs hiéroglyphes.

Les *cétoines* vivent sur les fleurs dont elles pompent le suc : la plupart des belles espèces, et sur-tout la plus grande, appelée la *cétoine cacique*, sont étrangères à nos climats.

Nous avons passé sur quelques genres, et ne ferons remarquer les *dermestes* que parce que ce sont les plus grands ennemis de cet établissement, puisque c'est à ces insectes que les conservateurs des collections d'histoire naturelle font une guerre perpétuelle : c'est en effet aux larves des dermestes que l'on doit la destruction des animaux à poil et des oiseaux conservés, et même des pièces utiles à l'anatomie. Quelques larves d'*anthrênes* doivent partager la proscription justement prononcée contre les dermestes ; car elles sont aussi dangereuses pour les pelleteries, et plusieurs ont dévoré jusqu'à mes insectes : ce dont je ne me serais pas douté la première fois que j'ai trouvé ce joli petit coléoptère voltigeant autour des fleurs.

Parmi les *nicrophores*, celui qu'on nomme *porte-mort* ou *fossoyeur*, et aussi *point de Hongrie*, à cause des bandes orangées et dentelées dont il est orné, a exercé l'imagination d'un naturaliste, d'ailleurs fort estimable, qui a décrit l'enterrement d'une taupe avec le même soin que nos auteurs d'anciennes chroniques en ont mis à nous conserver les détails du convoi de quelques princes souverains : aux nicrophores, fossoyeurs des taupes, il fait succéder les nicrophores germaniques en habits de deuil, lesquels viennent exhaler des parfums autour du cadavre ; il ne manque à cette auguste cérémonie que les parens et amies de la défunte.... Voici le fait : Les nicrophores fossoyeurs aiment les charognes et l'obscurité ; en conséquence, lorsque le cadavre d'un rat ou d'une taupe gît sur la terre, ces insectes se réunissent en assez grand nombre, creusent un trou, et tâchent de l'y enterrer, afin de le dévorer plus à leur aise, et d'y déposer leurs œufs : aussi leurs larves, qui, en naissant, partagent ce respect pour les morts, contribuent-elles à en débarrasser la terre. Quelquefois, à la vérité, les nicrophores *germaniques*, et sur-tout les *boucliers*, attirés par l'odeur, accourent, sinon pour assister au convoi, du moins pour partager le festin, où ces derniers figurent par une voracité qui l'emporte de beaucoup sur celle des nicrophores, et qui scandaliserait sans doute les personnes qui ont lu le récit du convoi fait par M. Cadet de Vaux. Quoi qu'il en soit, si ce récit avait fait beaucoup d'amis aux nicrophores et aux boucliers, nous leur conseillons de recueillir ces précieux individus avec un soin tout particulier; car ils ont toujours une odeur infecte, suite de leurs goûts très-distingués; et nous avouons même, malgré la retenue qu'ils doivent nous inspirer, qu'un seul a suffi pour communiquer son parfum à une boîte entière d'insectes.

On reconnaîtra dans les *gyrins* ces petits insectes aquatiques, vulgairement connus sous le nom de *tourniquets*, qu'on leur a donné à cause de la vélocité avec laquelle ils tournent dans les eaux des mares : on a pu remarquer qu'ils marchent en quelque sorte sur les eaux, et que, quand ils s'enfoncent, ils ont à l'extrémité de leur corps une bulle d'air qui fait l'effet d'une petite perle. Les *hydrophyles* vivent également dans l'eau et sur la terre ; il suffirait de voir les doigts aplatis en rame de leurs pieds de derrière, pour présumer qu'ils sont excellens nageurs.

Parmi les *carabes*, insectes dont les larves sont tellement voraces, qu'à force de manger elles se gonflent au point de ne pouvoir plus remuer, nous en ferons remarquer un assez commun aux environs de Paris, et qui n'a guère que quatre lignes de long (8 m.mt. 8). La couleur de ses ailes supérieures ou étuis est d'un noir bleuâtre, avec des stries, et le reste du corps est de couleur ferrugineuse : c'est le *carabe pétard*, appelé aussi *bombardier*. Lorsqu'on le prend ou qu'il est attaqué par quelque ennemi, et sur-tout par le *carabe inquisiteur*, (il est deux fois plus grand, le dessus du corps couleur de bronze verdâtre, bordé d'un beau vert) il fait usage d'une arme qu'on peut comparer à un canon chargé à poudre : en effet, le bombardier lance avec éclat, par son derrière, une petite fumée bleue, et cela jusqu'à quinze ou vingt reprises; ce qui suffit souvent pour arrêter l'ennemi, et donner le temps au carabe pétard de faire une honorable retraite.

Les *vrillettes* sont de petits animaux qui font beaucoup de tort aux vieux meubles, en s'y introduisant et réduisant peu à peu le bois en poussière : les canaux qu'elles forment sont bien connus; mais on attribue souvent à des araignées le petit bruit, aussi réglé que celui d'une montre, que font les vrillettes dans l'intérieur du bois. Tout le monde a été à portée d'observer que plusieurs insectes feignent d'être morts lorsqu'on les prend ou qu'on les laisse tomber; il y a des vrillettes que rien ne peut faire sortir de cette immobilité.

Parmi les *buprestes*, on remarquera ces insectes dont les plus brillans viennent des pays chauds, et à qui leur éclat a fait donner le nom de *richards*.

En passant aux deux rangs de panneaux suivans, on reconnaît les *taupins*, insectes qui, renversés sur le dos, ont la faculté de bander un petit ressort, lequel, en se débandant, les fait sauter jusqu'à ce qu'en tombant ils se retrouvent sur leurs pattes.

Deux insectes de ce genre, étrangers à nos climats, sont remarquables par la propriété qu'ils ont de répandre pendant la nuit une lueur assez vive : c'est par deux taches jaunes, placées un peu au-dessus des étuis, que cette lumière passe, et l'on prétend que les sauvages de quelques contrées de l'Amérique méridionale ne faisaient usage que de celle-là avant l'arrivée des Espagnols : l'un de ces insectes, qui est le *taupin lumineux*, nommé *cucujo* dans le pays, est encore un ornement de nuit pour les femmes; l'on s'en sert aussi pour voyager dans l'obscurité, en le plaçant sur la chaussure.

Ces deux insectes singuliers se ressemblent beaucoup : le corps de l'un est d'un brun noirâtre, avec un duvet léger et cendré; celui de l'autre tire un peu sur le rougeâtre, avec un duvet à peu près semblable : les petites taches rondes et jaunes qu'ils ont sur le *corcelet*, qui est la partie située au-dessus de leurs ailes à étuis, sont faciles à distinguer.

Tout le monde sait que cette faculté se retrouve dans nos *lampyres*, (au même panneau) bien connus sous le nom de *vers luisans* : c'est principalement aux femelles, dont les espèces de nos climats manquent d'ailes, que ce nom a été donné, à cause de la lueur phosphorique qu'elles répandent par les trois derniers anneaux de leur ventre. Le mâle n'a que des points légérement lumineux ; mais la femelle, ainsi que le mâle du lampyre ou ver luisant d'*Italie*, sont également pourvus d'ailes, et, comme ils sont extrêmement nombreux dans les belles soirées d'été, ils les embellissent encore en volant par troupes, et en offrant un spectacle assez semblable à certains feux d'artifice.

On connaît l'usage que la médecine fait des *cantharides* (dans la case à droite) pour les vésicatoires : celle qu'on emploie est remarquable à sa couleur d'un beau vert doré ; elle se plaît sur plusieurs espèces d'arbres, particulièrement sur les frênes, et se trouve dans presque toute l'Europe. Une espèce de *mylabre*, qui vit sur les fleurs de la chicorée, et qui est fort commune dans l'Orient, sert à la Chine au même usage.

Les *priones* se font remarquer à la grandeur de quelques-unes des espèces, presque toutes étrangères. La larve de celle qui ressemble au lucane cerf, par ses longues mandibules, est regardée comme un mets fort délicat en Amérique.

Les *capricornes* offrent des espèces encore plus variées, parmi lesquelles les plus grandes sont étrangères à nos climats, qui en possèdent quelques-unes des plus jolies.

Nous passerons de suite à des insectes placés dans le bas, et dont une espèce, l'une des plus petites de ce genre, est bien connue (le *charençon* du blé) par les ravages qu'elle cause dans les greniers à blé, malgré les efforts que l'on fait pour la détruire. On aura une idée du mal que peut faire une certaine quantité de ces insectes, lorsqu'on saura qu'une seule femelle pond jusqu'à six mille œufs qu'elle a soin de déposer un à un dans chaque grain de blé : les larves qui en proviennent dévorent en peu de temps la partie farineuse du grain, et ne laissent que la pélicule. C'est dans cette enveloppe qu'elles subissent leur métamorphose, et elles n'en sortent en insecte parfait que pour multiplier leur espèce mal-faisante.

Nous reconnaitrons parmi les *coccinelles*, tous ces petits insectes auxquels on a donné, nous ne savons trop pourquoi, les noms de *bêtes-à-Dieu* ou *de la vierge*, ou même de *vaches-à-Dieu* : leurs larves sont voraces, et plusieurs espèces s'entre-dévorent.

Les étuis ou ailes supérieures des insectes des genres suivans sont beaucoup moins durs, et l'on doit remarquer qu'ils ne se joignent pas aussi exactement sur le corps de l'animal que dans la grande tribu que nous venons de parcourir.

Parmi ceux-ci nous reconnaissons, dans le genre des *forficules*, ces insectes dont le nom inspire quelque effroi : ce sont les *perce-oreilles*, que l'on a représentés comme fort dangereux; ils ne le sont en effet que pour les jardiniers, parce qu'ils aiment beaucoup mieux les fruits que nos oreilles.

Des naturalistes, meilleurs observateurs, ont rencontré des forficules qui ont pour leurs œufs, et ensuite pour leurs petits, les mêmes soins que les poules ont de leurs œufs et de leurs poussins : cette observation, en offrant une exception fort rare dans cette classe d'animaux, nous présente ceux-ci sous un point de vue intéressant.

Parmi les *grillons*, (placés dans les deux autres rangs de panneaux) dont le chant ou plutôt le bruit aigu est fort incommode; nous remarquons un insecte qui en diffère beaucoup au premier aspect, c'est la *taupe-grillon*, vulgairement la *courtillière* : on la distingue à sa grandeur, et sur-tout à ses ailes, qui ne lui couvrent qu'une petite partie du corps. C'est un des plus grands fléaux des jardins et des couches; elle coupe ou ronge les racines de la plupart des plantes potagères, et quelques douzaines d'insectes de cette espèce suffisent pour faire en peu de temps les plus grands ravages dans un potager.

Les *criquets* sont ordinairement confondus, par les gens du monde, avec les *sauterelles* qui sont à côté : c'est aux premiers qu'il faut rapporter les ravages que l'on dit que les sauterelles ont faits à diverses époques, sur-tout dans les contrées méridionales, en dévorant les récoltes entières sur lesquelles elles s'abattent en troupes tellement nombreuses, que l'air en est obscurci ; ce sont aussi ces insectes, et non les sauterelles proprement dites, que certains pauvres peuples des côtes de Barbarie mangent rôtis.

Les *truxales*, les *mantes*, les *phasmes* et les *spectres*, (dans le bas) dont les formes sont si bizarres, sont généralement des animaux carnassiers qui dévorent les autres insectes, et qui quelquefois se détruisent entre eux. Les mantes doivent leur nom, imité du latin, et qui signifie *devin*, à l'habitude qu'elles ont d'étendre leurs longues pattes de devant, en se dressant presque sur les quatre de derrière; ce qui a fait supposer qu'elles indiquaient quelque objet : c'est aussi à cette habitude que celle qui est presque entièrement verte doit le nom patois de *préga-Dïou* (prie-Dieu) qu'on lui donne dans nos départemens méridionaux, et qu'on a imité par celui de *mante oratorienne*. Mais les peuples ignorans et superstitieux ont été plus loin; et les Turcs, par exemple, ont les plus grands égards pour cette mante.

Les insectes dont les ailes ont des nervures, et que l'on range en conséquence dans l'ordre des *névroptères*, s'offrent ensuite; les larves de la plupart vivent dans l'eau, mais l'une des larves terrestres nous offrira un spectacle singulier.

Ces jolis insectes, appelés *libellules*

par les naturalistes, et si connus sous le nom de *demoiselles*, peuvent être considérés comme tenant dans cette classe le même rang que les oiseaux de proie dans la leur. Les demoiselles poursuivent ou guettent sans cesse les insectes dont elles font leur proie : cette voracité se retrouve dans leurs larves, qui vivent dans l'eau, et aussi dans leurs nymphes, lesquelles ne sont point immobiles.

Les *termites*, appelés aussi *termes*, *termès*, et plus connus sous la dénomination de *fourmis blanches*, sont à la fois les insectes les plus destructeurs et les plus curieux de la zone torride. Il paraît que rien, ou presque rien, n'est à l'abri de la voracité de ces animaux, qui, dans quelques contrées, forment des colonies très-populeuses : elles sont d'autant plus dangereuses, que les meubles, les charpentes qu'elles détruisent, paraissent n'avoir éprouvé aucune altération jusqu'au moment où l'on y touche; alors on s'apperçoit que l'intérieur n'existe plus, et la palissade, ou le meuble qui paraissait le plus solide, tombe au moindre choc.... Si nous passons à leur adresse comme architectes et comme maçons, à leur police intérieure et extérieure, nous nous convaincrons que tout ce qu'on raconte des abeilles et de plusieurs quadrupèdes ingénieux n'est rien en comparaison de l'industrie des termites et de l'ordre qui règne dans leurs sociétés : là, non seulement il y a un roi et une reine destinés à reproduire l'espèce, et logés d'une manière distinguée au centre de l'édifice, mais encore il y a, comme parmi les abeilles, des travailleurs, et, de plus, des soldats, des combattans prêts à mourir pour défendre les membres de l'association. Ces divers emplois ne sont, au surplus, remplis que par des termites de même espèce qui ont subi des degrés différens de leurs métamorphoses. Quoique leurs édifices soient en partie souterrains, ils s'élèvent quelquefois à dix pieds au-dessus de terre. Tout ceci s'applique plus particulièrement au *termite belliqueux* ou *fatal*, qui est brun en dessus, avec des ailes pâles, et dont les bords extérieurs des supérieures sont plus durs, plus épais que le reste.

Il y a des termites en Amérique qui construisent leurs édifices sur des arbres, et qui sont aussi redoutables que les autres.

Nous passons à un petit insecte, moins dangereux pour nos bâtimens et nos meubles, mais aussi ingénieux dans son état de larve; c'est le *myrméléon*, qui ressemble à une petite espèce de libellule, et que l'on nomme plus ordinairement le *fourmilion*.

On l'a offert ici dans ses divers états, et on a même présenté avec une grande exactitude le piége ingénieux que la la larve du myrméléon construit pour attraper les petits insectes. Cette larve, qui, comme on voit, ne ressemble nullement dans cet état à l'insecte parfait, et qui, sous celui-ci, est armée de mandibules en forme de pinces, se creuse un trou dans un lieu abrité et dans du sable fin qu'elle rejette à fur et à mesure, de manière qu'elle finit par construire l'espèce d'entonnoir régulier que nous voyons, et au fond duquel elle se place, en ne laissant passer que sa tête : lorsqu'un insecte passe au bord de ce précipice, il glisse un peu, ou du moins fait glisser quelques grains de sable ; le myrméléon averti lance alors à l'insecte une telle quantité de sable, que celui-ci, étourdi, sans défense, roule quelquefois de lui-même entre les pinces de son ennemi. Lorsque le repas est fait, le myrméléon jette hors de son entonnoir le cadavre de la fourmi ou de la mouche dont il n'a sucé que la substance, et s'empresse de réparer le piége pour de nouvelles victimes.

Les *éphémères* sont célèbres par la

courte durée de leur vie, qui est, dans quelques espèces, de moins d'une heure. La plupart, dans nos climats, commencent à voler au coucher du soleil, et sont mortes avant le lever de l'aurore : comme elles volent par troupes extrêmement nombreuses au-dessus des rivières ou dans leur voisinage, pour déposer leurs œufs, on les voit tomber par milliers, soit dans l'eau, soit sur le rivage, et en couvrir la surface ; aussi les pêcheurs appellent-ils ces insectes la *manne des poissons* : mais, si les éphémères n'existent que quelques instans dans leur état d'insecte ailé, elles vivent plusieurs années sous la forme de larves, pendant lesquelles elles se donnent beaucoup de mouvement; aussi a-t-on comparé, avec quelque raison, leur existence entière à celle de ces hommes ambitieux qui se tourmentent toute leur vie pour atteindre à des biens que la mort vient leur ravir au moment où ils commençaient à les posséder.

C'est parmi la grande tribu des *hyménoptères* (c'est-à-dire *ailes membraneuses*), dont nous allons observer rapidement les individus, que se trouvent les insectes qui ont le plus anciennement attiré l'attention des observateurs, par leurs mœurs et la police admirable qui règne dans leurs sociétés ; mais tant d'ouvrages ont traité des habitudes et de l'industrie des fourmis et des abeilles, que nous craindrions de répéter ce que tout le monde sait, en nous arrêtant à les décrire de nouveau.

C'est dans quelques espèces de cette tribu que se trouvent ces êtres qui n'ont point de sexe, et qu'on distingue facilement parmi les fourmis, par exemple, parce qu'ils n'ont point d'ailes : ces individus paraissent plus particulièrement voués au travail et aux soins du ménage.

Les *tentrèdes* et les *clavellaires* sont plus connues sous le nom de *mouches à scie*. Les gens du monde les confondent souvent, ainsi que les *urocères*, les *orysses*, les *chalcides*, les *leucopsis*, les *évanies*, et plusieurs autres espèces de cette famille, avec de grandes guêpes.

Les *ichneumons*, placés entre les précédens, doivent leur nom au service qu'ils rendent en détruisant beaucoup de chenilles, par comparaison avec le rat de Pharaon ou ichneumon des Égyptiens, grand destructeur d'œufs de crocodiles.[1] Mais c'est moins en mangeant les œufs, les larves, les chenilles, que les ichneumons que nous observons diminuent le nombre des autres espèces, qu'en introduisant leurs œufs avec leur tarrière, (aiguillon mince placé entre deux étuis de même apparence) soit dans les nids, soit dans les œufs, soit dans le corps même de

---

[1] Nous avons fait connaître les mœurs de cet animal, page 134 du tome 1er.

presque toutes les espèces de chenilles : c'est là qu'ils éclosent, et que les larves se nourrissent aux dépens de la substance même de l'insecte qui leur a servi de berceau.

C'est à des *cynips* et à une espèce de *chalchide* que l'on doit ces excroissances assez communes sur le dos des feuilles du chêne, et qui sont causées par la piqûre que la femelle a faite à ces feuilles pour y déposer ses œufs : c'est dans ces *galles* qu'ils éclosent, et que leur larve se nourrit. La galle du chêne, appelée aussi *noix de galle*, dont on fait usage pour la teinture en noir et la fabrication de l'encre, est due à un cynips. C'est aussi un insecte de ce genre qui cause ces excroissances filamenteuses que l'on voit sur les rosiers sauvages, et que l'on nomme *bédéguar* ou *mousse de rosier*.

Nous l'avons dit, on a trop parlé des travaux et de l'économie des *fourmis*, pour en parler encore : les uns soutiennent qu'elles font des provisions; d'autres qu'elles n'en ont pas besoin, puisqu'elles s'engourdissent pendant les grands froids. Je pense qu'on ne se dispute que faute de s'entendre.... J'ai vu l'intérieur de plusieurs fourmilières en hiver, c'est-à-dire à l'époque où les fourmis sont entassées les unes sur les autres, et immobiles : dans quelques-unes, j'ai trouvé des espèces d'arrière-magasins garnis de provisions ; dans les autres, je n'ai rien vu de semblable : cela m'a prouvé que les premières s'étaient trouvées dans l'abondance, et que les autres n'avaient eu rien de reste de leurs derniers repas. Au surplus, je répète ici ce que j'ai imprimé ailleurs :[1] les provisions que l'on trouve quelquefois leur sont inutiles pendant les grands froids ; mais elles leur deviennent nécessaires lorsque la fin de l'hiver étant

[1] Livre du Second Age, page 135 de la troisième édition.

tempérée, cet engourdissement cesse avant qu'elles puissent trouver de nouvelle nourriture.

Les insectes des genres suivans ont une ressemblance assez grande avec les guêpes et les abeilles, pour que les personnes qui ne connaissent pas les caractères adoptés par les naturalistes les confondent au premier coup d'œil; aussi les *sphex* sont-ils assez généralement connus sous la dénomination de *guêpes solitaires.*

Quelques espèces de *guêpes* vivent, ainsi que les *abeilles*, en société; mais ces réunions sont infiniment moins nombreuses. Les demeures des guêpes communes ont beaucoup de rapport, pour la forme des cellules, avec celles des abeilles; mais la substance dont elles les construisent est absolument différente. Les cellules ou *alvéoles*, qui composent les *gâteaux* ou *rayons* des abeilles, sont la *cire*; celles des guêpes sont une espèce de papier ordinairement d'un gris cendré : la position de ces gâteaux n'est pas non plus la même. Il y a dans les guêpiers, ainsi que dans les ruches, outre les mâles et peu de femelles, des *ouvrières*. Tout le monde sait que c'est sur les fleurs que les abeilles cueillent les substances dont elles composent la cire et le miel, tandis que les guêpes ne vivent que de rapines, ravagent nos fruits, et attaquent les autres animaux, et sur-tout ces paisibles et intéressantes abeilles.

Les guêpes appelées *cartonnières* ou à *carton fin*, sont communes à Cayenne, où elles construisent de grands guêpiers enveloppés d'un véritable carton fort épais : chaque guêpier est attaché à une branche, et n'a qu'une seule ouverture au bas. L'intérieur a un grand nombre d'étages qui se communiquent par une issue. On a placé de ces guêpiers dans la tablette du bas de l'armoire des vers.

La brillante tribu des *lépidoptères*

(c'est-à-dire *ailes à écailles*, parce qu'en effet la poussière qui couvre leurs ailes, vue au microscope, est composée d'une foule de petites écailles) remplit seule plusieurs rangs de panneaux : ce sont ces beaux insectes que l'on connaît généralement sous le nom de *papillons*. Nous ne nous arréterons pas à décrire les mœurs de chaque espèce : elles se ressemblent, à peu de chose près, dans leur état parfait, et nous ne ferions que répéter ce que nous avons déjà dit en parlant de l'opposition qu'il y a entre les goûts, les habitudes des chenilles en général, et ceux de leurs papillons (page 31). D'ailleurs, tout intérêt de curiosité cède au desir de voir, ou plutôt d'admirer la variété, l'éclat, l'harmonie des couleurs que la nature a prodigués sur les ailes de ces animaux : les plus grands, les plus beaux sont étrangers à nos climats, et nous viennent principalement des contrées chaudes des deux Indes, qui produisent aussi les pierres précieuses.

C'est parmi les *bombices*, qui sont des papillons lourds et peu remarquables, que se trouve le *bombice du mûrier*, dont la chenille, nommée vulgairement *ver à soie*, est si précieuse par le cocon qu'elle forme, et dont la substance est devenue un objet très-important d'industrie et de commerce.

Les insectes des tribus qui suivent celle des papillons et autres lépidoptères, exciteront sans doute peu d'intérêt après ces beaux insectes; quelques-uns cependant méritent de fixer notre attention. Dans la première tribu, celle des *hémipteres*, (demi-étuis ou demi-ailes) on remarquera, au nombre des *fulgores*, celle appelée *porte-lanterne*, l'une des plus grandes de ce genre : elle doit son nom à ce que la masse vésiculeuse et de forme irrégulière, qui est comme une prolongation de son front, répand une vive lumière dans l'obscurité : on la trouve à Surinam et à Cayenne.

Les *cigales*, fort communes dans nos départemens méridionaux, sont sur-tout fameuses par le chant, ou plutôt le bruit que le mâle fait entendre dans l'été sur les arbres où il se tient. Ce n'est point de la bouche que sort ce bruit; les organes qui le produisent sont deux membranes, en forme de timbales, placées de chaque côté du ventre dans une cavité : le jeu des muscles qui agissent sur ces timbales en les contractant, et les relâchant alternativement avec une certaine vitesse, produit ce bruit désagréable que l'on peut faire rendre à l'insecte mort, en faisant mouvoir ces membranes de la même manière.

La piqûre que font les cigales à une espèce de frêne (l'orne) en fait découler ce suc qui prend de la consistance, et qui est si utile en médecine sous le nom de *manne*. Les larves de ces insectes se nourrissent dans les racines des arbres : les Grecs les servaient sur leurs tables comme un bon mets, et l'on dit même qu'ils mangeaient les cigales.

Ces petits insectes, appelés *cochenilles*, sont célèbres par la superbe couleur écarlate qu'ils nous donnent : ceux de la petite espèce, qui sont couverts d'un duvet blanc et cotonneux, se multiplient depuis six ans dans les serres de cet établissement, où l'on a placé des individus qui furent apportés de l'île de France, sur les plantes dont ils aiment à se nourrir.

L'espèce qui est une fois plus grosse, et n'est couverte que par une légère poudre blanche, ne se trouve qu'au Mexique : elle est connue dans le commerce sous le nom de *cochenille fine*.

Les *pucerons*, dont quelques espèces sont à peine visibles, et qu'il est d'autant plus difficile de distinguer dans nos jardins, qu'ils ont assez souvent la couleur même des végétaux dont ils couvrent et sucent les tiges et les feuilles, sont, quoique très-dangereux pour nos potagers, des animaux d'autant plus intéressans pour les observateurs, qu'ils présentent un phénomène peut-être unique dans le règne animal : non seulement les mêmes espèces qui naissent, tantôt avec des ailes, et tantôt sans ailes, pondent des œufs à certaines époques, et dans d'autres font leurs petits vivans, mais encore une femelle, après avoir été fécondée, fait des pucerons femelles qui se multiplient sans avoir besoin de l'être, et cette faculté extraordinaire se transmet quelquefois jusqu'à la onzième génération.

Là finissent les *hémiptères*, qui se ressemblent aussi par la faculté qu'ont les nymphes de cette tribu de marcher et de manger. Les *diptères* ou insectes à deux ailes, nous arrêteront peu, parce que les habitudes de plusieurs sont connues de tout le monde: telles sont celles des *cousins*, si incommodes dans les soirées d'été, et si nombreux dans le voisinage des ruisseaux; les *taons*, qui tourmentent nos bestiaux; les *stomoxes*, qui sont ces petites mouches d'automne qui font des piqûres douloureuses, sur-tout dans le temps orageux; les *œstres*, aussi cruels et plus dangereux que les *taons* pour les chevaux, les bœufs et d'autres animaux, parce que leur femelle pond dans l'intérieur du corps, ou sur la peau des bestiaux, et que leur larve se glisse dans diverses parties où elle cause de grands ravages; enfin les *mouches* dont les espèces sont aussi nombreuses que leurs goûts sont variés; les *syrphes*, les *antrhaces* et les *stratiomes*, que les gens du monde confondent ordinairement avec les mouches, et auxquels beaucoup de naturalistes ont conservé ce nom.

Nous ne nous arrêterons pas non plus à la très-petite tribu des insectes sans ailes (ou *aptères*), composée ici d'un seul genre : c'est la *puce*, qui est beaucoup trop commune, et dont une espèce, ou, si l'on veut, une variété, est la puce *pénétrante*, plus connue sous le nom de la *chique*, laquelle cause des douleurs cuisantes, et même des ulcères très-dangereux, en s'introduisant dans les chairs des pieds : celle-ci est commune en Amérique.

Comme Mr La Marck ne place, parmi les insectes proprement dits, que ceux qui subissent des métamorphoses, il a retiré de cette classe, pour les joindre à celle des *arachnides*, les autres petits animaux sans ailes que d'autres naturalistes comprennent dans cette petite tribu.

La classe des ARACHNIDES offre ces animaux que des récits exagérés, autant que leurs formes hideuses, ont rendus des objets de dégoût et même d'effroi : on sent bien qu'elle doit son nom à celui de ces animaux qui, étant le plus généralement répandu, est, par cela même, le plus connu; à l'araignée enfin, dont les espèces sont très-variées.

Nous ne fatiguerons donc point l'attention des promeneurs sur ces animaux que beaucoup de naturalistes réunissent aux insectes, quoiqu'ils ne subissent point de métamorphoses. Leurs formes suffisent pour indiquer que la plupart sont plus rapprochés des crustacés, que nous verrons tout à l'heure, et à la suite desquels d'autres les ont rangés.

Pour suivre l'ordre des genres, nous examinerons d'abord les *scorpions*, dont les espèces de nos départemens méridionaux sont petites en comparaison de celles de l'Inde : ce sont généralement des animaux fort carnassiers, puisqu'ils se dévorent entre eux, et mangent même leurs petits. La seule arme dangereuse du scorpion est l'aiguillon, en forme de crochet, qui termine sa queue. Comme il y a deux petits trous vers le bout de cet aiguillon, le scorpion, au moment où il pique, verse dans la plaie une liqueur transparente qui est quelquefois venimeuse : il paraît que la nourriture de ces animaux influe autant que le climat sur les qualités mal-faisantes de cette liqueur, puisque, dans certaines parties de l'Italie, les paysans jouent et se laissent piquer par les scorpions, tandis que des expériences faites sur ceux des environs de Montpellier ont prouvé que quelquefois ces derniers étaient très-dangereux. Les scorpions ont huit yeux.

La plupart des *araignées* ont également huit yeux ; quelques-unes n'en ont que six : ils sont toujours placés régulièrement, mais de diverses manières, dans les différentes espèces. L'on sait que ces animaux sont très-carnassiers, et que la plupart tendent des piéges ou des filets aux autres insectes.

Les araignées sont ici divisées par familles, d'après le genre d'industrie et la manière dont elles tendent leurs toiles.

La famille des *tapissières* nous offre les araignées de nos maisons, et aussi les plus grosses araignées de l'Amérique : parmi ces dernières, dont le corps est velu et l'aspect hideux, se distingue l'araignée *aviculaire* ou *des oiseaux*, assez commune à Surinam et à Cayenne, où elle s'établit sur les arbres; elle fait non seulement la guerre aux insectes et à une grosse espèce de fourmi, mais encore aux petits oiseaux-mouches, qu'elle vient enlever dans leurs nids en l'absence du père et de la mère, et qu'elle emporte dans son trou, pour les sucer sans être inquiétée.

C'est parmi les araignées *loups*, lesquelles ne tendent point de toiles, mais s'élancent sur leur proie, que se trouve la *tarentule*, célèbre par les récits et les gros livres dont elle a été l'objet : tout ce qu'on rapporte de l'effet réel de sa morsure doit être mis au rang des fables. Ces récits prouvent seulement ce que peut la frayeur sur des esprits faibles, et aussi jusqu'à quel point le charlatanisme peut abuser de la crédule ignorance. On place aussi des tarentules parmi les *phrynes*. Les *galéodes* sont étrangers à nos climats; les *faucheurs*, les *pinces*, que l'on trouve quelquefois dans les bibliothèques, et la plupart des animaux des genres suivans, ne présentent point de faits intéressans.

Les *scolopendres* sont connues sous la dénomination de *mille pieds*. Les grandes espèces font des morsures très-douloureuses avec leurs crochets : la plus grande est des Indes orientales, où on la nomme la *mal-faisante*.

Les plus grands animaux dans le genre des *iules* ou *jules* nous viennent aussi des Indes : on voit que ces derniers genres renferment nos millepieds, si l'on en excepte les *cloportes*, qui sont joints aux crustacés.

Le genre désigné après celui du pou, sous le nom de *riccin*, renferme tous ces petits animaux nommés vulgairement *pous des oiseaux*; de même que ceux qui sont placés avant les scolopendres, sous le nom de *pygnogonon*, sont les *pous de la baleine*.

La classe des CRUSTACÉS nous arrêtera moins de temps encore que la précédente, parce que la plupart des animaux qui la composent offrent peu de variétés dans leurs formes et d'intérêt dans leurs habitudes.

C'est à la croûte dure, à l'enveloppe crétacée qui recouvre ces animaux, que cette classe doit son nom; et, comme la plupart des naturalistes les comprenaient tous dans la classe des insectes, on sent bien que c'est parmi les crustacés que se trouvaient les plus grands. L'animal (placé sur une des tablettes supérieures) dont le corps est couvert par un bouclier, terminé par une longue queue en forme de stylet, est en effet le plus grand des insectes et des crustacés connus : M. La Marck le nomme le *polyphême*. C'est le *crabe des Moluques*, qui se pêche dans la mer des Indes.

On sépare assez généralement les crustacés en deux grandes divisions : la première composée de tous ceux qui ont deux yeux élevés sur des pédicules mobiles ; il est facile de remarquer cette organisation singulière sur les crabes, écrevisses, homars et chevrettes ; la seconde renfermant, soit ceux qui ont deux yeux distincts et fixes, tel que le polyphême, soit ceux qui n'ont qu'un œil, lequel paraît être formé par les deux yeux extrêmement rapprochés.

Les espèces connues n'étant pas encore toutes réunies et ordonnées, nous nous contenterons d'en désigner quelques-unes qui offrent des particularités.

Tout le monde reconnaîtra dans les *crabes*, appelés aussi *cancres*, l'espèce nommée le *tourteau*, qui est fort bonne à manger.

La *calappe* est assez commune dans la Méditerranée; on la vend dans nos ports sous le nom de la *migrane*. La *langouste*, qui est du genre des *palinures*, est aussi fort estimée.

Les *homards* ou *houmards* ne diffèrent des *écrevisses*, si communes dans certaines rivières et ruisseaux, qu'en ce qu'ils vivent dans la mer. Comme les écrevisses changent annuellement de test, elles rendent, à cette époque, deux petites concrétions presque rondes qui étaient contenues aux côtés de leur estomac, et qui sont connues en médecine sous le nom d'*yeux d'écrevisses*. Il est inutile de faire remarquer combien cette dénomination est absurde : quant à l'usage qu'on en fait comme absorbant, rien ne prouve que la croûte même des écrevisses ne soit pas aussi bonne.

Les *pagures* sont ces petits animaux célèbres chez nous sous les dénominations de *Bernard l'hermite* et de *soldats*, qui leur viennent de la comparaison qu'on a faite du domicile étranger qu'ils se choisissent, avec une cellule ou une guérite : les pagures, en effet, se logent toujours dans des coquilles dont l'animal n'existe plus ; ils les choisissent de la grandeur convenable, les traînent, au besoin, sur le sable, et voguent sur les mers, dans leurs petites habitations.

Comme il faut toujours chercher dans les besoins même des animaux la cause de leurs habitudes les plus singulières, on trouve que l'industrie des pagures leur est suscitée par la nécessité de mettre une partie de leur corps à couvert des insultes des autres animaux. En effet, leur queue n'étant pas recouverte d'écailles, comme celle des crabes et écrevisses, c'est sans doute pour abriter cette partie qu'ils se choisissent des coquilles, et qu'ils s'y établissent de manière à faire croire qu'elles sont leur ouvrage et leur propriété naturelle. C'est à l'espèce la plus commune sur nos côtes que l'on a principalement donné le nom de Bernard l'hermite; mais les autres ont les mêmes habitudes.

C'est parmi les crustacés, dont les yeux ne sont point portés sur des pédicules, que se trouvent les *crevettes* des ruisseaux et les *cloportes*.

LA classe des ANNELIDES, nouvellement formée par le professeur du Muséum, n'offrant ici que quelques individus[1] sans intérêt pour les gens

[1] Ils sont placés dans des bocaux, sur un étage supérieur de la dernière armoire des mollusques.

du monde, nous passerons aux MOLLUSQUES qui garnissent toutes les armoires situées entre la pendule et les crustacés : nous remonterons en face de la première, où l'on a placé, dans des bocaux, les mollusques nus, et quelques-uns de ceux des animaux qui vivent dans des coquilles. C'est principalement de ceux-ci que l'on s'est occupé sous la dénomination de *testacés*, ou plutôt ce sont ces *tests*, appelés *coquilles*, que l'on conserve dans les cabinets, et sur lesquels on a publié plusieurs ouvrages.

Nous ne ferons qu'indiquer les principales divisions adoptées par M. La Marck pour la classe des mollusques, qu'il sépare en deux ordres, ceux qui ont une tête (ou mollusques *céphalés*) et ceux qui n'ont point de tête (ou mollusques *acéphalés*) : il partage ensuite chaque ordre en deux sections; l'une comprenant ceux de ces animaux qui sont nus à l'extérieur, l'autre réunissant les mollusques à coquilles.

L'on voit en conséquence que c'est d'après la considération des animaux que le savant professeur a déterminé sa classification, tandis que, dans presque tous les ouvrages de *conchiologie*, on s'est contenté de diviser les coquilles par le nombre de pièces ou *valves* dont elles sont formées. Quoi qu'il en soit, dans le systême de M. La Marck, cette dernière considération se trouve naturellement liée à l'autre par la bonté même de sa méthode, car ce n'est que parmi les mollusques qui ont une tête que l'on en trouve à une seule coquille; enfin nous devons faire remarquer que l'on n'a observé jusqu'ici que très-peu d'espèces de mollusques nus, sans tête, tandis qu'il y en a un assez grand nombre de céphalés.

On pense bien que cette méthode, toute exacte et naturelle qu'elle est, n'a pas pu être suivie dans l'arrangement des coquilles du Muséum. L'ordre dans lequel elles sont rangées présente d'abord celles d'une seule pièce (les *univalves*), à une loge (*uniloculaires*) en spire (*spirivalve*), et aussi celles qui recouvrent l'animal, à la suite desquelles viennent celles à plusieurs loges (*multiloculaires*), et qui sont peu nombreuses.

Les mollusques dont la coquille a deux valves (les *bivalves*) sont placés à la suite des précédentes, en commençant par celles dont les deux pièces ne sont pas égales (les *inéquivalves*), et finissant par celles qui ont des valves égales (les *équivalves*) : à la suite de celles-ci on a placé les mollusques qui ont plus de deux valves, et qu'on peut en conséquence nommer *multivalves*.

Nous passerons rapidement sur les mollusques nus contenus dans des bocaux.

Les plus remarquables, parmi ceux qui vivent dans la mer, sont les *sèches*, les *calmars* et les *poulpes*, que plusieurs naturalistes ont réunis sous une même dénomination.

Les *sèches* et les *calmars* sont connus, sur-tout la sèche commune ou officinale, par ce corps singulier placé vers le dos, entre les chairs : c'est ce qu'on nomme dans le commerce un *os de sèche*, et que les marchands d'oiseaux appellent *biscuit de mer*. On en suspend dans les cages de certains oiseaux, pour aiguiser leur bec ; les orfèvres s'en servent pour faire des moules.

Les sèches, les calmars et les poulpes, emploient un moyen singulier pour se soustraire à leurs ennemis, ou même pour étourdir leur proie : ils répandent une liqueur noire qui trouble l'eau à une assez grande distance ; cette liqueur peut servir à faire de l'encre, et l'on croit même que celle d'une espèce de poulpe, le *ridé*, sert à composer l'*encre de la Chine*.

Les *limaces* sont des mollusques nus

et terrestres dont les espèces, nombreuses dans nos climats, dévastent nos potagers et nos champs.

On pense bien que nous ne transcrirons pas ici les dénominations données par tous les conchiologistes et amateurs de coquilles aux nombreuses espèces et variétés que l'on a rassemblées dans cette collection : ces dénominations généralement prises des formes et des couleurs de ces coquilles, que l'on a comparées pour la plupart à celles des objets usuels, sont en si grand nombre, qu'un volume suffirait à peine pour les contenir toutes : quant au prix que l'on y attache, il dépend moins de leur beauté que de leur rareté : quelquefois aussi certaines coquilles ne sont rares dans les cabinets que parce que les personnes qui habitent les pays où elles sont communes ignorent que les amateurs y mettent quelque prix. C'est ainsi que, parmi les *hélices*, la coquille de l'escargot appelée le *marron rôti* se vendait plus cher à Paris que quelques milliers de ces mêmes escargots sur les côtes de Normandie, où les paysans jetaient ces coquilles après en avoir mangé les petits habitans. Les brocanteurs, qui tirent parti de tout, abusent souvent de la passion de quelques amateurs pour ce genre de productions naturelles; et les personnes qui n'ont pas fréquenté les cabinets ne peuvent s'imaginer que ces belles coquilles nacrées ont généralement moins de prix que certaines dont les formes sont bizarres et les couleurs ternes ou peu variées.

Comme la manière de vivre de la plupart des animaux des coquilles marines, fluviatiles et terrestres, offre peu d'attraits à la curiosité : [1] d'ailleurs

[1] Je crois inutile d'expliquer ici les raisons qui m'empêchent d'entrer dans certains détails sur la manière dont plusieurs espèces de mollusques se multiplient : quelque intéressans que soient ces faits pour les amis des sciences naturelles, il me suffira de répéter que ces

chaque personne qui parcourt cette collection sans avoir les connaissances des conchiologistes, se fixant d'après son goût sur celles qu'il trouve les plus jolies, et le goût, lorsqu'il s'agit d'objets de ce genre, étant une chose extrêmement variable, il serait ridicule de vouloir attirer l'attention sur une coquille belle pour les uns et fort laide pour d'autres; nous dirons donc à tous: Voyez, admirez; et nous nous contenterons d'indiquer quelques-unes de celles qui offrent des particularités, en faisant principalement remarquer celles dont les arts ou le luxe retirent quelque avantage.

C'est sur-tout parmi les *cones* (premier genre) dont quelques espèces sont fort chères, que se trouve cette variété dans les couleurs qui est si recherchée des amateurs : c'est à l'arrange-

---

Promenades sont destinées à tous les âges, pour qu'on approuve mon silence.

ment de ces couleurs, que sont dus ces noms assez singuliers d'*amiral*, *grand amiral*, *brunette*, *drap d'or*, etc. que portent ces diverses espèces et variétés.

Parmi les *porcelaines* plus généralement connues, parce que certaines petites espèces se montaient autrefois en breloques, et qu'on faisait des tabatières avec les plus grandes, nous ferons remarquer l'une des plus communes, soit pour la forme qui est ovale, soit pour la couleur qui est jaunâtre : elle se distingue sur-tout à ses petites bosses, c'est le *cauris* ou *monnaie de Guinée*, que l'on pêche sur les côtes des îles Maldives, et qui fait en Guinée l'office de nos petites monnaies de métal.

Il y a des espèces fort recherchées dans les *volutes*, mais les *pourpres* offraient autrefois aux anciens un intérêt d'un autre genre; puisque c'est de l'animal qui les habite qu'ils retiraient cette belle couleur que nous obtenons aujourd'hui de la cochenille.

Les *vis*, les *harpes*, et d'autres coquilles des genres suivans sont sur-tout estimées lorsqu'elles sont grandes, et que les couleurs sont vives et tranchées; mais l'une des coquilles les plus recherchées est la *scalata*, (la *scalaire*) qui a la forme extérieure d'un escalier tournant, dont les tours de spire sont détachés les uns des autres comme dans un tire-bouchon : il n'est pas rare de voir payer ces coquilles cinq et six cents francs la pièce lorsqu'elles ont la grandeur des plus belles qui sont sous nos yeux; elles se trouvent sur la côte de Barbarie.

Les *Janthines*, moins rares et peu recherchées, sont formées par des animaux qui ont à peu près la même industrie que les sèches pour éloigner leurs ennemis; elles répandent également une liqueur qui, en teignant l'eau, l'obscurcit, et se laissent en même temps couler à une grande profondeur.

Les Janthines nagent en grandes

troupes, et répandent la nuit une lumière phosphorique qui offre un beau spectacle.

Les *hélices* et plusieurs genres précédens, sont vulgairement apelés *limaçons, colimaçons, escargots :* la plupart sont terrestres, et l'on mange dans plusieurs départemens les espèces les plus grosses; on les emploie aussi en médecine pour les maux de poitrine, et on en fait des cosmétiques qui entretiennent, dit-on, la douceur et la fraîcheur de la peau.

Les Romains faisaient, pour certaines espèces d'hélices, ce que nous faisons pour les huîtres; ils les engraissaient dans des enclos.

Les *haliotides*, dont l'intérieur est si brillant, sont très-communes; on les nomme *oreilles de mer* sur nos côtes et dans les cabinets : on les mange ainsi que plusieurs espèces de *patelles ;* on sent bien que le nom de ces dernières, qui signifie petit plat, leur vient de leur forme : ces mollusques s'attachent aux rochers et sont recouverts par leurs coquilles.

L'*Argonaute*, dont la forme est élégante, se nomme l'*argonaute papiracé*, et vulgairement la *nautille papiracée*, à cause du peu d'épaisseur de sa coquille; il ne faut cependant pas la confondre avec la *nautille chambrée*, qui appartient au genre suivant : on fait avec cette dernière de jolis vases.

On trouve ordinairement dans la coquille de l'argonaute une espèce de sèche qui s'en sert à peu près comme le Bernard l'hermite fait de plusieurs autres.

La coquille transparente et vitreuse, placée sur un coussin dans l'armoire à droite de celle-ci, est une des plus rares: elle est désignée ici sous le nom de *patelle vitrée*, c'est la *carinaire vitrée* de La Marck; on ne l'a trouvée jusqu'ici que dans la mer des Indes.

Dans les coquilles à deux valves, on

remarquera celles qui ressemblent à de grosses huîtres, et que les Grecs modernes, en les comparant aux sabots de l'âne, ont nommées *gaiderons :* on les mange sur les côtes de la Méditerranée.

Les *Solens* sont mieux connus sous la dénomination de *manches de couteau :* on mange ces mollusques sur nos côtes, et les pêcheurs s'en servent comme d'appât pour le poisson ; les solens répandent une lumière assez vive dans l'obscurité.

C'est dans les *tridacnes* que se trouve la coquille appelée vulgairement la *grande faitière* ; c'est le plus grand mollusque connu, puisqu'il y en a qui pèsent 3 à 400 livres (150 à 200 kilog.) On nomme aussi ces coquilles *bénitiers*, à cause de leur forme ; les deux grands bénitiers de Saint-Sulpice à Paris sont deux valves de tridacnes.

Nous arrivons à un genre qui contient des coquilles bien connues, bien communes, et dont une espèce produit ces excroissances dont le prix, quand elles sont belles, diffère peu de celui des pierres précieuses; je veux parler de la *moule à perles*, auprès de laquelle on a placé plusieurs de ses produits de diverses formes : ce sont là les *perles d'Orient*, ou *perles fines*, qui diffèrent de celles que produisent plusieurs autres coquilles par ce que les marchands appellent *un bel Orient*. Les moules à perles sont faciles à distinguer des autres espèces; elles sont fort grandes, plates et presque rondes; tout le monde a pu remarquer que les moules ont des filamens, appelés *byssus*, plus ou moins durs, qui sortent près de la charnière; c'est par ce byssus qu'elles se fixent aux rochers : des plongeurs suspendus à une corde, et tenant une corbeille lestée par un poids, détachent les moules à perles : on les étend au soleil, qui les fait ouvrir, et on en retire les perles; cette pêche, qui se fait principalement au cap Comorin, s'afferme fort cher.

Il n'y a pas long-temps que j'ai eu occasion de voir un négociant ſort instruit dans ce commerce, mais ſort ignorant dans les sciences naturelles; et comme je pense que l'on trouve souvent à s'instruire avec ces hommes qui racontent naïvement les préjugés des peuples qu'ils ont visités, j'appris de lui que l'opinion populaire, à la nouvelle Espagne, attribuait la formation des perles à des gouttes de serein qui tombaient dans la mer, et la traversaient sans se mêler avec l'eau salée : le moindre mélange, ajoutait-il avec confiance, gâte la perle... Au surplus, les perles ont en ce moment, dans la Caliſornie, presque autant de valeur qu'en France : quelque temps avant le départ de ce négociant, le vice-roi avait payé un collier, des plus belles, 500,000 francs.

On emploie les valves intérieures de ces moules à ſaire divers ouvrages et ornemens, sous le nom de *nacre de perles* : plusieurs autres coquilles nacrées servent à cet usage. D'ailleurs, comme les perles ne sont que des excroissances non adhérentes de la même nature que la nacre, et causées, soit par des maladies de l'animal, soit par toute autre cause, l'on conçoit que tous les mollusques à coquilles nacrées sont également susceptibles de produire des perles dont la qualité pour nous diffère. C'est ainsi, par exemple, qu'il y a parmi les mollusques, nommés vulgairement *moules d'eau*, une espèce, la mye du Rhin, rangée par d'autres avec les *mulettes* qui produit des tubercules adhérens à la coquille, que l'on scie, et dont on fait des bijoux : on est généralement persuadé que ces tubercules sont causés par la nécessité où est l'animal de se mettre à l'abri de l'attaque de certains vers qui percent sa coquille, et que c'est pour cela qu'il cherche à ajouter de nouvelles couches intérieures. Des expériences très-ingénieuses ont forcé des mulettes à produire des perles et des *coques* de perles.

A côté est ce mollusque appelé *pinne*, à cause de sa ressemblance avec une plume (en latin *pinna* ou *penna*). Les anciens se sont fort occupés de ce coquillage, parce que l'une de ses espèces, la penne *marine*, a un byssus long et soyeux dont les peuples de la Méditerranée ont fait de toute ancienneté des étoffes. Un fabricant français a exposé au Louvre, il y a deux ans, quelques pièces de drap faites avec ce byssus.

Les anciens rapportent qu'une petite espèce de crabe nu, du genre des pagures, loge dans la coquille de la penne, et qu'en reconnaissance de l'hospitalité qu'il en reçoit, il est son pourvoyeur, l'avertit, par un petit cri, d'ouvrir ses valves lorsqu'il revient avec la provision, et l'avertit sur-tout lorsqu'une espèce de sèche, son ennemie déclarée, arrive pour le dévorer.

Le *taret*, qui est un mollusque à plusieurs valves, est fameux, sous le nom de *ver des digues*, par les dégâts qu'il cause en se creusant des canaux profonds dans les pieux, les navires, etc.

Avant de passer à une autre classe, je dois faire observer que plusieurs coquilles recherchées sur-tout des naturalistes, et qui se voient dans cette collection, ne se rencontrent plus que fossiles, et qu'un grand nombre de ces dernières se trouve aux environs de Paris.

Les poissons étant fort difficiles à conserver avec leurs belles couleurs, soit dans les liqueurs spiritueuses, soit desséchés, on ne sera pas surpris de ne voir ici qu'un petit nombre d'individus, comparé à celui qui a été étudié et décrit : d'ailleurs, tout le monde sait que, parmi ces animaux, il en est d'une telle grandeur, que l'emplacement qui leur est destiné serait loin de suffire; et ici il n'est pas question de certains *cétacés*, tels que les baleines, qui appartiennent à une autre classe, et dont un seul remplirait toute cette galerie.

La plupart des poissons que l'on prépare pour les cabinets perdent non seulement leur éclat, mais encore il est presque impossible de leur conserver ces formes fugitives dues à l'élégance de leurs mouvemens. Ce n'est que dans les ouvrages de Lacepède que nous les retrouverons avec leurs formes bizarres ou gracieuses, et toujours parés des belles couleurs qu'ils ont dans nos fleuves et dans le sein des vastes mers. C'est à lui que Buffon, après nous avoir retracé ces nuances innombrables que la nature a prodiguées sur le plumage des oiseaux, a légué cette palette magique sur laquelle le soleil semble avoir décomposé ses rayons.

Les poissons de cette collection n'étant pas tous étiquetés, on pense bien que si, pour les désigner clairement, je décrivais les formes de ceux dont les mœurs offrent quelque intérêt, je risquerais d'exiger des promeneurs qui veulent bien m'accompagner plus de temps et d'attention qu'ils n'en mettent ordinairement à parcourir cette classe d'animaux; et ici je répèterai un vœu formé par les hommes qui s'intéressent aux progrès des sciences naturelles, c'est que tous les corps des différens règnes que l'on offre aux regards du public soient dénommés, et présentent à la fois les noms qu'ils ont dans les méthodes adoptées pour leur classification, et les dénominations vulgaires, si toutefois ils en ont reçu; ce moyen étant le seul qui, en établissant une communication facile entre l'homme du monde et le naturaliste, puisse répandre les connaissances qui sont utiles à tous.

Nous ne présenterons donc ici que des généralités sur les poissons, ou, si nous citons quelques faits particuliers, nous indiquerons les noms de ceux qui nous les offrent, afin que l'on puisse les rapporter, soit aux poissons dénommés dans cette collection, soit à ceux que l'on y ajoutera par la suite.[1]

[1] Dans la méthode du professeur du Muséum, la classe des poissons est partagée en deux sous-classes : l'une contenant les *cartilagineux*, c'est-à-dire ceux dont les parties solides sont cartilagineuses ; l'autre les *osseux*, ou ceux dont ces mêmes parties ont la consistance des os.

C'est dans la première que se trouvent les lamproies ; les raies ; les squales, lesquels comprennent tous ces poissons nommés requins, chiens de mer, poisson-scie ; les lophies, appelées aussi baudroies ; les balistes ; les chimères, plus connues sous la dénomination de rois des harengs ; les polyodons, fort rapprochés des chiens de mer ; les acipensères, parmi lesquels est l'esturgeon ; les ostracions ou coffres ; les tetrodons ou quatre dents, dans lesquels se trouvent les lunes, poissons d'une conformation singulière ; les dyodons ou deux dents, dont quelques-uns ont la forme d'un orbe ; les syngnates ou chevaux marins ; les cycloptères ou boucliers ; les pégazes volans, etc.

La seconde sous-classe, beaucoup plus

Il suffit de jeter un coup d'œil sur les individus réunis dans ces armoires,

---

nombreuse en espèces, contient les gymnotes, parmi lesquels est le gymnote électrique; les ophisures, connus aussi sous la dénomination de serpens marins; les murennes, dans lesquelles se trouvent les anguilles; les xiphias, dont une espèce est le glaive espadon; les anarhiques ou loups marins; les callionymes, dont une espèce est la lavandière, assez commune sur nos côtes; les gades, qui réunissent les morues, les merlans et les lotes; les blennies ou blennes; les gobies, dont quelques espèces portent les noms vulgaires de goujons de mer; les scombres, contenant des espèces fort connues, telles que les thons et les maquereaux; les labres; les pleuronectes, dans lesquels se voient les soles et turbots; les salmones; les clupées; les cyprins, etc. etc.

Obligés de borner nos citations à un petit nombre de genres et aux espèces les plus connues qu'ils renferment, nous donnerons cependant une idée des travaux de M. Lacepède, en disant que son histoire naturelle des poissons contient la description de 1463 pour se faire une idée de la grande variété de formes que présentent les poissons : que serait-ce donc, si toutes les espèces connues étaient rassemblées dans ce Muséum ? C'est cette variété, cette bizarrerie dans les formes, qui ont particulièrement engagé les voyageurs et les habitans de nos côtes et des rives de nos fleuves à leur donner cette foule de noms, plus bizarres encore, dans lesquels ils ont tâché de comparer les poissons aux animaux terrestres ou à des objets usuels.

Quoique nous nous soyons abstenus, autant qu'il a été possible, des détails relatifs à l'organisation des animaux, nous sentons cependant que quelques personnes desireront avoir des notions générales sur celle de ces êtres qui, habitant un liquide dans lequel nous ne pouvons vivre que peu d'instans, semblent devoir être munis d'organes

espèces, parmi lesquelles 339 n'avaient pas encore été reconnues.

particuliers. L'un de ces organes, et le plus essentiel, est destiné à la respiration des poissons; c'est ce que nous appelons fort improprement leurs *ouïes :* ce sont des *branchies* qui leur tiennent lieu de poumons, et qui paraissent destinées à séparer de l'eau qu'ils avalent l'air nécessaire à leur existence.

Les organes extérieurs, qui peuvent être considérés comme leurs membres, sont les nageoires et la queue, dont la plus grande partie sont pourvus : ces organes font l'office de rames et de gouvernail. Plusieurs poissons ont en outre, dans l'intérieur de leur corps, une vessie que tout le monde a été à portée d'observer, et qu'ils remplissent ou vident d'air à volonté; ce qui les aide aussi à monter et à descendre, en augmentant ou diminuant le volume de leur corps. D'après cette destination, on pense bien que cette vessie *aérienne* et *natatoire* devient inutile aux poissons dont les nageoires sont très-étendues; aussi la remarque-t-on rarement dans ces espèces.

Il n'est personne qui n'ait été à portée d'apprécier la prodigieuse fécondité des poissons, par la quantité d'œufs qu'on a pu observer dans ceux que l'on appelle vulgairement *œuvés* dans nos marchés et sur nos tables. Des naturalistes ont compté sur une seule femelle de morue plus de neuf millions d'œufs; et ceci annonce en même temps la multitude de périls auxquels ils sont exposés avant d'éclore, et ceux que courent les petits avant d'atteindre l'âge où ils peuvent braver une partie de ces dangers. En effet, non seulement l'inconstance des flots, les tempêtes, transportent ces œufs loin des rivages sur lesquels ils devaient éclore, et les privent ainsi de la chaleur du soleil, mais encore les poissons mêmes mangent une grande partie de ces œufs; et personne n'ignore cette vérité, devenue triviale, que les petits poissons servent de nourriture aux gros. Sans toutes ces causes de destruction, la pensée atteindrait difficilement à la prodigieuse multiplication que quelques années suffiraient pour opérer : les rivières, sans doute, seraient obstruées, ou plutôt infectées par les cadavres amoncelés de ces animaux.

En s'arrêtant à quelques faits particuliers sur les espèces les plus connues, nous ferons remarquer que les *lamproies* doivent leur nom à l'habitude qu'elles ont de se fixer, par leur bouche, aux rochers qu'elles paraissent sucer.

C'est parmi les *raies*, poissons très-voraces, que se trouve la *torpille*; elle doit son nom à l'engourdissement causé par la commotion qu'elle donne lorsqu'on la touche : cette commotion et ses divers effets sont absolument les mêmes que ceux obtenus par nos machines électriques, et se renouvellent comme dans les appareils galvaniques. On trouve la torpille dans le voisinage des côtes de France : sa chair n'est pas ſort délicate.

Tout le monde a entendu comparer les *squales*, et sur-tout les *requins*, aux tigres des déserts. Ces poissons exercent en effet, dans la mer, la même tyrannie que ces quadrupèdes sur la terre; et leur gueule énorme, armée de plusieurs rangées de dents triangulaires et dentelées sur leurs bords, la ſorce de leur queue, tout ſait des requins les animaux les plus redoutables, non seulement pour les poissons, mais encore pour les naufragés, ou même pour les nageurs.

Les squales, et sur-tout le squale *roussette*, ſournissent aux arts ces peaux appelées *peau de chien* et *de chagrin*, qui servent à polir l'ivoire et le bois, et à couvrir des étuis, des boîtes, etc.

Nous avons vu un squale-scie dans la IVe Promenade (page 183).

Dans le genre des *lophies*, nous indiquerons la *grande baudroie*, que ses formes hideuses ont fait surnommer le *diable de mer*, et qui mérite surtout de fixer l'attention, par le moyen ingénieux qu'elle emploie pour attirer les petits poissons dont elle se nourrit. Elle s'enterre presque entièrement dans la vase, ou se cache sous des plantes marines; et, ne laissant passer que les longs filamens qui surmontent son dos, elle les agite en différens sens, de manière à faire croire aux poissons que ce sont de petits vers : ceux-ci, attirés, rassemblés par cet appât, ne manquent pas d'être la proie de la baudroie, que l'on a surnommée, à cause de son industrie, *la pêcheuse*.

Les *esturgeons* (du genre des *accipensères*) donnent plusieurs produits utiles : non seulement leur chair est délicate, mais encore leurs œufs forment le *caviar*, principale nourriture de plusieurs peuples du Nord; et leurs vésicules aériennes donnent la *colle de poisson*, si utile pour la clarification des liqueurs. C'est sur-tout du *grand esturgeon*, fort commun dans le Volga et le Danube, que se retire cette dernière substance, que beaucoup d'autres poissons pourraient fournir.

Le *gymnote électrique* est aussi appelé *anguille électrique*, à cause de sa forme alongée : les commotions qu'il donne sont beaucoup plus fortes que celles de la torpille, et lui servent non seulement à se défendre de ses ennemis, mais encore à engourdir les poissons dont il fait sa proie.

Le *xiphias espadon*, appelé aussi l'*empereur*, se trouve dans toutes les mers, et n'est remarquable que par l'espèce d'épée que forme sa mâchoire supérieure en se prolongeant. Sa chair est assez estimée.

La *morue*, qui est du genre des *gades*, mérite notre attention sous le rapport du commerce immense dont elle est l'objet, et de sa pêche, que plusieurs nations vont faire tous les ans à la pointe de Terre-Neuve. Ses diverses préparations, en la rendant susceptible de se conserver, en ont fait, pour certains peuples, un objet de la plus grande importance : il en est à qui elle tient lieu de toute autre nourriture, et même de fourrage pour leurs bestiaux. L'on sait que le *hareng*, qui appartient à un genre fort éloigné des gades, offre à peu près le même degré d'utilité.

Le *thon*, placé parmi les *scombres*, est pour nous un poisson de passage, qui se prépare aussi de plusieurs manières : sa pêche, qui se fait à des époques fixes, est d'un rapport considérable.

Les *ables*, du genre des *cyprins*, se pêchent pour leurs écailles argentées qui fournissent la substance appelée *essence d'orient* : elle sert à enduire l'intérieur des *perles fausses*.

Plusieurs espèces de différens genres portent la dénomination vulgaire de *poissons volans*, qu'ils doivent à la faculté de s'élever assez au-dessus de la surface de l'eau : c'est pour se soustraire à leurs ennemis qu'ils font usage de leurs longues nageoires qui les soutiennent quelque temps en l'air ; mais souvent, en fuyant les animaux marins, ils deviennent la proie des oiseaux d'eau qui sont fort communs dans quelques parages. C'est sur-tout dans les genres des *scorpènes*, des *trigles* et des *exocets*, que l'on pourra remarquer les poissons volans.

LA classe des REPTILES[1] offre, quant à la préparation des animaux destinés à l'étude, à peu près les mêmes difficultés que celle des poissons, aussi ne les conserve-t-on habituellement que dans les liqueurs spiritueuses ; alors, non seulement on ne voit pas toujours l'animal dans son entier, à moins qu'on n'ait la faculté de retourner le bocal

[1] Elle commence à l'armoire à côté de la porte d'entrée.

qui le contient, mais encore les proportions de ses diverses parties ne se présentent plus à l'œil comme s'il était hors du liquide : il n'est personne qui n'ait été à portée de remarquer cet effet d'optique en plongeant un corps dans l'eau, et de s'assurer que les parties, en s'éloignant des bords du vase, augmentent de grandeur apparente. Il faut sans doute attribuer autant à cet inconvénient qu'aux formes hideuses de plusieurs de ces animaux, le peu de temps que les gens du monde emploient à visiter cette classe; et comme c'est d'après leurs goûts, et non d'après les miens que je dois régler l'étendue des descriptions, nous ne parcourrons que les espèces les plus curieuses de cette collection.

On sait assez généralement que l'on a donné aux animaux de cette classe la dénomination de *reptiles*, parce que ceux même qui marchent paraissent ramper : cette dénomination convient principalement aux serpens qui forment une division étendue de cette classe, et l'on avait désigné ceux qui composent l'autre par celle de *quadrupèdes ovipares*, parce qu'en effet ils pondent des œufs; enfin on avait aussi donné aux uns et aux autres celle d'*amphibies* pour annoncer la faculté qu'ils ont de respirer dans des intervalles inégaux. Le sang des reptiles est à peu près aussi froid que l'air dans lequel ils vivent; et ceci, en les distinguant des autres quadrupèdes, explique l'espèce d'engourdissement qu'ils éprouvent dans les temps froids, engourdissement que nous observerons dans quelques espèces de quadrupèdes à mamelles, et qui paraît également dû au peu de chaleur de leur sang.

On a souvent été à portée de se convaincre que le gosier et l'estomac des reptiles avaient la faculté de se distendre; aussi avalent-ils des animaux plus gros que leur propre corps. On a pu voir aussi qu'ils avaient ce qu'on appelle la vie très-dure; que dans quelques espèces les parties de leur corps repoussent facilement, et qu'ils peuvent vivre plusieurs mois sans manger; enfin, leur irritabilité est très-apparente; et c'est là ce qui a fait choisir de préférence des grenouilles pour essayer l'effet du galvanisme sur les animaux morts.

On est naturellement porté à juger des mœurs des animaux par l'effroi, le dégoût, qu'ils inspirent, et aussi par la bizarrerie de leurs formes; mais cet indice, assez exact quelquefois, tromperait beaucoup, si on l'appliquait aux reptiles, car ils sont généralement d'un naturel doux; et le mal qu'un petit nombre d'entr'eux peuvent nous faire, lorsque nous troublons leur solitude, n'équivaut pas aux avantages que les diverses espèces nous procurent en détruisant une foule d'insectes nuisibles à nos cultures. [1]

---

[1] Après avoir partagé les reptiles en deux

Nous avons vu dans la salle du règne végétal de grandes TORTUES de mer; c'est une espèce de ce genre, appelée *caret*, qui fournit *l'écaille*.

Les *tortues d'eau douce* sont généralement plus petites, et l'on doit remarquer que les *tortues de terre* le sont encore davantage : la *grecque* est, parmi ces dernières, l'espèce commune.

J'ai vu des tortues de terre privées et vivant depuis plus de dix ans dans une sorte d'état de domesticité. On fait avec la chair de ces animaux des

---

grandes divisions : reptiles qui ont des pieds, et serpens, M. Laccpède a partagé la première division en deux autres sections : l'une comprenant les reptiles qui ont une queue, tels que les tortues et les lézards; l'autre ceux qui n'en ont pas, tels que les grenouilles, les raines, les crapauds. Quant à la seconde division, celle des serpens, les caractères distinctifs sont pris dans le nombre, la forme et l'arrangement des écailles de ces animaux.

bouillons que l'on dit salutaires pour les personnes qui ont la poitrine affectée. La plupart des espèces conservées sont étrangères. Il paraît que dans l'Inde ces animaux sont beaucoup plus grands que dans les climats tempérés.

Le genre des LÉZARDS est nombreux, et offre des espèces assez variées, parmi lesquelles on distingue les *crocodiles*. Nous avons pu voir plusieurs de ces animaux suspendus au plafond de cette même salle du règne végétal, ainsi que des *caïmans* d'Amérique, qui en sont des variétés. La voracité des crocodiles est connue : le rat de Pharaon que nous avons vu (page 134 du tome 1er) est un de ses ennemis ; mais il en a un plus redoutable ; et ce n'est pas seulement pour ses œufs que le poisson-scie l'attaque et lui livre un combat d'autant plus terrible que l'un et l'autre sont pourvus d'armes dangereuses.

L'*iguane* est un lézard d'Amérique, dont on mange la chair, que l'on dit fort délicate. Il n'est pas rare de voir des iguanes assez privés pour suivre leurs maîtres.

On se doute bien que l'animal auquel on a donné le nom de *basilic* n'a jamais existé tel que nous le peignent une foule de récis absurdes. Le basilic des naturalistes est le plus agile des lézards : le capuchon qui le décore lui a valu son nom, qui signifie petit roi; il le remplit d'air à volonté, et s'en sert ainsi pour augmenter sa légéreté. Le basilic vit en Amérique, et ses habitudes sont à peu près les mêmes que celles de nos lézards verts.

Le *caméléon* est encore un de ces animaux auxquels on a attribué beaucoup de facultés merveilleuses; telle est celle de vivre d'air qu'il doit sans doute à la longue abstinence que les lézards en général peuvent supporter; telle est encore la propriété qui l'a rendu l'emblême de la flatterie, en supposant qu'il changeait à volonté de forme, et prenait la couleur des objets dont on l'approchait. Cette seconde propriété se borne à une grande mobilité dans les parties de son corps qu'il enfle et diminue alternativement, et aux diverses nuances de sa bile, de son sang, etc. qui paraissent à travers sa peau; mais ces changemens dépendent des différentes sensations ou affections de cet animal, et non des couleurs des objets sur lesquels on le place. Le caméléon est fort doux, vit d'insectes, et n'est pas difficile à priver.

Le *scinque*, qui se trouve dans toutes les contrées de l'Afrique, n'a quelque réputation qu'à cause de la vertu qu'on lui a attribuée de ranimer les forces éteintes. Ce lézard vit également dans l'eau et sur la terre.

Le lézard *à tête plate* est commun à Madagascar : le nom qu'on lui a donné dans cette île indique l'habitude qu'il a de sauter à la poitrine des Nègres. Quelques observateurs assurent cependant qu'il n'est pas dangereux : il a, comme le caméléon, la faculté de changer facilement de couleur.

Les *seps* et les *chalcides* ont les pattes si courtes qu'on les prendrait, au premier aspect, pour des serpens. On trouve des seps dans nos départemens méridionaux, où ils ne sont point venimeux.

On pense bien que les *dragons* doivent leur nom à leur bizarre conformation, qui les a fait comparer à l'animal fabuleux imaginé par les anciens, et reproduit dans nos romans de chevalerie. Mais autant ce dernier paraît redoutable dans les tableaux enfantés par des imaginations brillantes, autant le *lézard-dragon* sautant, voltigeant de branche en branche dans les forêts de l'Asie, de l'Afrique et de l'Amérique, où il se nourrit de petits insectes, est doux, paisible. Ainsi, tandis que le dragon fabuleux ne paraît dans les pays enchantés que pour répandre l'effroi, le dragon des naturalistes ne se montre que pour embellir et animer les bois solitaires.

Voici encore une espèce qui, pour être plus commune, n'est pas mieux appréciée : c'est la *salamandre terrestre*. A entendre beaucoup d'habitans de nos campagnes, cet animal a la propriété de vivre dans le feu, et même de l'éteindre. Selon les auteurs anciens, et sur-tout selon Pline, dont la trop grande célébrité accrédite encore aujourd'hui beaucoup d'erreurs, il est très-venimeux : l'une et l'autre de ces propriétés sont également fausses. On a seulement remarqué que lorsque la salamandre est attaquée, elle fait, suinter par les tubercules placés à chaque côté de son corps, une liqueur blanche, et de l'apparence du lait qui, prise intérieurement, pourrait être dangereuse ; mais sa morsure ne l'est point, et quant à la faculté d'éteindre le feu dans laquelle on la jette, elle se borne à l'émission de cette même liqueur, qui, en suintant de son corps, ne retarde que de quelques instans sa destruction.

La salamandre à *queue plate* est celle que l'on nomme plus ordinairement *salamandre aquatique*, parce qu'elle vit dans les étangs, et surtout dans les marais.

Les reptiles ne changent généralement qu'une ou deux fois de peau par an; mais ces changemens sont beaucoup plus fréquens dans les salamandres aquatiques, qui d'ailleurs offrent des phénomènes intéressans pour les naturalistes dans la manière dont elles multiplient.

Les GRENOUILLES en offrent à peu près de semblables. Ces grains bruns retenus par des filamens glaireux que l'on trouve au bord des étangs sont des œufs de grenouilles, d'où sortent au bout de quelque temps des *têtards* (tels qu'on en peut voir dans plusieurs bocaux) : ceux-ci n'ont que peu de traits de ressemblance avec l'animal entièrement développé ; ce développement n'arrive que lorsque le têtard a changé plusieurs fois de peau, et que sa queue est tombée par lambeaux.

Les gens du monde trouvent peu de différence entre les *grenouilles* et les *raines* : en les regardant avec attention, il est facile d'en remarquer surtout dans leurs pieds de derrière. D'ailleurs, ces dernières, au lieu d'habiter les étangs et les marais, se tiennent sur les arbres et les buissons.

La grenouille *mugissante*, l'une des plus grandes de cette collection, vient de la Virginie, où on la nomme *grenouille taureau*, à cause de la force de son coassement.

La raine *rouge*, appelée *raine à tapirer*, est la plus curieuse de ce genre, moins par sa forme ou ses couleurs que par l'usage qu'en font, dit-on, les Américains pour varier la couleur du plumage des perroquets. On prétend qu'il suffit, pour opérer ce changement, d'arracher quelques plumes à ces oiseaux, et de frotter la plaie avec le sang de cette raine : peut-être cette propriété a-t-elle besoin d'être vérifiée par de nouveaux observateurs pour être mise au rang des faits incontestables.

Il est difficile de parcourir la collection de CRAPAUDS placée dans ces armoires, sans que toutes les images qui servent à peindre la saleté, les goûts les plus abjects, les habitudes les plus repoussantes, ne s'offrent à la pensée. Mais, quoique ces animaux présentent, comme tant d'autres devenus des objets de dégoût, des observations précieuses au naturaliste, nous nous hâterons de passer à des êtres dont quelques-uns, plus redoutables, ont du moins des formes moins hideuses. Qu'il nous suffise de savoir que les crapauds, vivant dans l'ombre et la fange, n'ont cependant pas de véritable venin ; la liqueur qu'ils lancent, lorsqu'on les irrite, et que l'on croit être leur urine, est moins âcre que la bave et l'humeur qui suinte de leur corps; et ces dernières cependant n'ont rien de bien dangereux, sur-tout dans nos climats tempérés. Au surplus, quelques personnes n'apprendront pas sans étonnement qu'on a privé des crapauds, et que certains observateurs ont eu la curiosité de garder chez eux pendant plus de vingt ans ces sales et hideux pensionnaires.

Parmi les grosses espèces, on distinguera le *bossu* qui a été apporté du Sénégal ; le *pipa* et le *criard*, assez communs à Surinam ; le *cornu*, qui est aussi de l'Amérique, et l'*agua* que l'on trouve au Brésil.

IMPATIENS de reposer notre vue et notre imagination sur des êtres moins mal-faisans, nous passerons rapidement sur les **SERPENS**, dont l'organisation, et quelques habitudes principales ont beaucoup de ressemblance avec les autres reptiles, puisqu'ils changent de peau comme les lézards, et s'engourdissent également l'hiver dans nos climats.

Le venin propre à quelques espèces de serpens a donné une sorte de répugnance pour ceux qui sont les plus innocens. Il n'y a pas bien long-temps encore, le vulgaire, croyant que ce venin résidait dans leur langue fourchue, fuyait tous les serpens, parce qu'en effet ils ont presque tous cette langue mobile et extensible qu'on a comparée à un dard.

Le venin des serpens est placé dans une petite glande située sous l'œil, d'où il coule dans une dent percée et très-aiguë que l'animal meut à volonté. C'est donc en faisant une piqûre avec l'une de ces deux dents qu'il introduit en même temps le venin dans la plaie.

Le nom générique de COULEUVRE, donné ici à un grand nombre de serpens, nous engage à rappeler l'observation déjà faite, que cette réunion de plusieurs animaux sous une seule et même dénomination ne doit pas faire perdre de vue le nom des individus qui souvent présentent des habitudes et des facultés très-différentes : c'est ainsi, par exemple, que dans ce genre nous voyons à côté de la *couleuvre à collier*, qui est douce, paisible, et que l'on mange dans quelques départemens sous le nom d'*anguille de haie*, de la *couleuvre commune* ou *verte et jaune*, aussi peu mal-faisante et aussi facile à apprivoiser que la précédente, et enfin près de la *lisse*, qui habite aussi nos climats, ces vipères venimeuses, telles que la *vipère commune*, l'*aspic* et la *vipère noire*, que l'on trouve également en France; et ici nous devons faire remarquer que l'aspic d'Europe ne doit pas être confondu avec l'aspic ou la vipère d'*Égypte*, fameux par la mort de la reine Cléopâtre : [1] c'est aussi dans le genre des couleuvres que nous remarquons le *céraste* ou la *vipère cornue*, dont on voit souvent l'image dans les hiéroglyphes des anciens Épyptiens ; le *naja* ou *serpent à lunettes*, l'un des plus dangereux des Indes orientales, et que les jongleurs indiens savent dompter pour le donner en spectacle au peuple, en ayant toutefois l'attention d'épuiser de temps en temps son venin ; le *fer de lance*, dont on a exagéré l'effet de la morsure qui, disait-on, causait une mort prompte et

---

[1] Le professeur Geoffroy a rapporté d'Égypte un grand nombre d'animaux de différentes classes, entre autres tous les poissons du Nil, et la collection presque complète des serpens de cette partie de l'Afrique, dans laquelle se trouvent des espèces aussi précieuses pour les zoologistes que pour les personnes qui desirent bien connaître les objets du culte des anciens Égyptiens.

inévitable; mais ce qui, dans ce genre nombreux, présente une différence non extérieure, mais assez remarquable, c'est que les vipères naissent toutes formées; c'est-à-dire que les œufs éclosent dans le corps de la femelle, tandis que les couleuvres proprement dites, et la plupart des serpens non venimeux de ce genre déposent leurs œufs, soit dans des trous, soit dans les fumiers, et sont de véritables ovipares. Parmi les espèces étrangères que l'on a réunies dans cette collection, on verra avec plaisir le *molure*, grand serpent qui se trouve dans les Indes, et n'est point venimeux; le *chapelet*, petit reptile curieux par l'arrangement des couleurs dont il est paré; enfin, le *daboie,* célèbre par le respect, ou plutôt le culte qu'on lui rend dans le royaume de Juida, et aux ministres duquel on livre les plus belles filles du pays. Il est assez piquant de voir dans un frêle bocal ce grand *fétiche*, cet *être conservateur* des Nègres de Juida, et de penser que chez ce peuple la moindre irrévérence envers un reptile, confondu ici dans la foule de ses pareils, serait punie de mort : le *serpent idole* est au surplus très-pacifique.

C'est dans le genre des BOAS que se trouvent les plus grands serpens connus; et parmi ceux-ci, le *devin* tient le premier rang : c'est le même que nous avons apperçu au plafond de la salle du règne végétal sous le nom de *dépone* qu'on lui donne dans plusieurs contrées : on l'a aussi qualifié du titre d'*empereur*, pour désigner sa puissance, et l'empire qu'il exerce sur presque tous les animaux qui habitent les mêmes contrées que lui. Cette puissance ne tient point à un venin particulier, mais à sa force, à son adresse, à son agilité. Non seulement il se sert de l'haleine infecte que sa gueule exale pour arrêter et étourdir les animaux à une assez grande distance, et engloutit les moins grands dans son estomac extensible, mais encore il attaque les plus forts, et les entourant par les replis de son corps, il les étouffe, leur brise les os; et c'est ainsi qu'en même temps qu'il dévore sa proie, il peut retenir ou saisir de nouvelles victimes. On pense bien que ce terrible animal a dû inspirer aux peuples ignorans et superstitieux ce respect qu'ils accordèrent presque toujours à la force; aussi le devin fut-il adoré, soit par les anciens Mexicains, soit dans les contrées brûlantes de l'Afrique, soit même au Japon; et l'on frémit en pensant que les autels que lui élevèrent les anciens habitans de l'Amérique furent long-temps arrosés par le sang des victimes humaines qu'ils immolaient à ce reptile.

Il paraît que c'est à cette grande espèce de boa qu'il faut rapporter les peintures, plus ou moins exagérées, et souvent dictées par la frayeur, que la plupart des voyageurs nous ont transmises sur d'énormes reptiles qu'ils ont vus dans les contrées équatoriales.

La peau des devins sert de parure à certains peuples, et leur chair est pour plusieurs un mets fort agréable.

Il est peu d'animaux aussi fameux que les SERPENS A SONNETTES. C'est principalement à l'espèce appelée *dryinas* que quelques naturalistes ont donné cette dénomination, qui appartient ici au genre même de ces reptiles, parce qu'en effet presque tous les individus qui le composent font entendre le même bruit. Nous ne nous arrêterons cependant que sur le plus grand, le mieux connu, qui est le *boiquira*, que l'on regarde aussi comme le serpent le plus venimeux, et l'un des plus dangereux qui existent, parce qu'il s'élance sur sa proie avec une telle rapidité qu'il est difficile de l'éviter, si son approche n'a été décelée par sa sonnette : ce qu'on nomme ainsi n'est autre chose qu'un assemblage d'écailles sèches et sonores emboîtées les unes dans les autres, et qui terminent sa queue. Le bruit que ces écailles font en se frottant les unes contre les autres est assez semblable à celui du parchemin que l'on froisse, et peut être entendu d'assez loin. Le boiquira se trouve dans le nouveau monde; mais on pense bien que les Européens l'ont détruit dans plusieurs contrées, et le poursuivent encore comme l'un des plus dangereux ennemis que l'homme ait dans ces climats.

Dans le genre des ANGUIS, on remarquera l'*orvet*, petit serpent non venimeux, assez commun en France. Les AMPHISBÈNES doivent ce nom, qui signifie *double marcheur*, à la facilité avec laquelle ils rampent en reculant, de manière à ne pas laisser appercevoir au premier aspect de quel côté leur tête est placée; ce qui a fait supposer qu'ils en avaient une à chaque extrémité de de leur corps. Les autres genres, peu nombreux en espèces connues, offrent peu de faits intéressans.

Nous nous appercevons avec peine que cette Promenade est bien longue; et nous craignons que plusieurs personnes ne nous aient abandonné dans la dernière visite, qui n'a eu pour objet que des êtres mal-faisans, tandis que d'autres nous sauront peut-être mauvais gré de n'avoir pas fait mention des remèdes que l'on peut opposer avec quelque succès au venin des serpens. Nous dirons que chaque pays a le sien, qui diffère comme le genre même de ce venin; et que la morsure du boiquira, qui tue quelquefois en moins d'une minute, a trouvé aussi des antidotes; mais, comme il serait imprudent de citer des spécifiques incertains, nous nous contenterons d'indiquer la pierre à cautère comme le meilleur qui soit connu pour la morsure des viperes venimeuses de nos climats.

VIe PROMENADE.

Visite de la collection des oiseaux conservés : — 1° Des familles comprises dans la tribu des grimpeurs. — 2° De celles qui sont connues sous les dénominations d'oiseaux de proie. — 3° Et d'une partie des familles nombreuses et variées de la grande tribu des passe-reaux.

LORSQUE nous avons conseillé aux personnes qui desirent nous accompagner dans nos Promenades de commencer par les animaux les plus simples, pour remonter aux plus parfaits, en cherchant à fixer toute leur attention, soit sur les insectes, soit sur les reptiles et les poissons, nous avons bien pensé que nous ne pourrions les empêcher de jeter quelques regards vers ces nombreuses tribus composées d'oiseaux sur le vêtement desquels la nature semble avoir épuisé toutes les couleurs, toutes les nuances qu'elle avait à sa disposition.

Cette collection est d'ailleurs la plus nombreuse et l'une des plus complètes de ce magnifique dépôt; et cela devait être, car l'intérêt qui attache à l'étude de l'histoire naturelle en général est beaucoup plus vif lorsqu'il s'agit d'êtres qui flattent à la fois plusieurs sens, et dont une foule vivent familièrement avec nous. Il n'est donc pas étonnant que les naturalistes, les amateurs, se soient plu à rassembler, à conserver une grande quantité de ces beaux animaux, qui deviennent des objets d'ornement pour ceux même qui n'en font aucun usage pour l'étude.

On ne sera pas surpris non plus que nous nous soyons beaucoup plus étendus sur les mœurs, les habitudes des individus de cette classe, que sur celles des autres : les oiseaux ayant été plus anciennement étudiés, et mieux connus, il est naturel que l'on ait réuni sur ces êtres intéressans un plus grand nombre de faits curieux.

Quoi qu'il en soit, nous suivrons la marche adoptée dans les Promenades précédentes, et nous nous abstiendrons de détails sur leur organisation; car on veut plutôt voir que lire, et l'on desire sur-tout que ce qu'on lit ne soit que l'explication de ce qu'on voit : or, ici l'on ne voit que l'oiseau paré de son vêtement, et non son squelette. Qu'il nous suffise seulement de savoir que sa conformation intérieure a beaucoup de rapports avec celle des quadrupèdes à mamelles. Les oiseaux ont de même un cœur, des artères, des veines dans lesquelles le sang est soumis, comme dans notre corps, à une double circulation; seulement leurs poumons sont percés de beaucoup de trous, au moyen desquels l'air qu'ils inspirent peut circuler dans les diverses parties du corps, dans l'intérieur vide de leurs os, et particulièrement dans des espèces de sacs placés dans la poitrine et le bas-ventre, qui leur servent à enfler ou à rapetisser le volume de leur corps, afin de s'élever plus ou moins dans l'air : ces espèces de sacs contribuent aussi à produire cette force de voix qui nous étonne d'autant plus dans quelques-uns, qu'elle n'est pas proportionnée à la petitesse de leur corps.

Les *ornithologistes* (c'est ainsi que l'on nomme les naturalistes qui s'occupent de l'étude et de la description des oiseaux) ont adopté plusieurs méthodes pour les diviser en grandes tribus, afin de pouvoir les étudier et les distinguer plus facilement : ils se sont généralement servis de la forme des pieds et de celle du bec pour les principales divisions; et nous devons faire observer aux personnes qui sont trop portées à négliger les méthodes, et même à les repousser toutes, sous le prétexte qu'elles sont l'ouvrage des hommes et non celui de la nature, que les caractères de ces grandes divisions méthodiques s'accordent assez exactement, non seulement avec les autres traits de ressemblance extérieure de ces animaux, mais encore avec leurs goûts et leurs habitudes. C'est ainsi que nous verrons, en parcourant ces tribus, que la forme des pieds suffit pour indiquer quels sont les oiseaux nageurs et les oiseaux grimpeurs; celle des jambes, ceux qui aiment les rivages, et que les ongles vigoureux de plusieurs suffiraient pour trahir les oiseaux de proie. [1]

---

[1] Nous allons donner aussi succinctement qu'il nous sera possible une idée des principales divisions méthodiques.

La première comprend les grimpeurs, remarquables à leurs doigts gros et forts, qui leur servent à grimper.

La seconde renferme les oiseaux de proie, faciles à distinguer à leurs ongles forts et très-crochus.

La troisième, qui comprend les oiseaux dont les ongles sont peu crochus, et qu'on a réunis sous la dénomination de passereaux, est loin d'être aussi bien caractérisée que les autres : elle peut être considérée comme

Nous suivrons donc, autant que la place que chaque espèce occupe sur les

---

rassemblant les oiseaux qui ne peuvent trouver place dans les autres tribus, et malheureusement c'est la plus nombreuse en familles.

Cette Promenade aura pour objet la visite des deux premières tribus et d'une partie de la troisième.

La quatrième renferme, sous la dénomination de platypodes, plusieurs ordres d'oiseaux dont les doigts extérieurs sont unis dans presque toute leur longueur.

La cinquième nous offre les oiseaux les plus connus sous la dénomination de galinacés (imitée du nom latin de la poule) : ils ont les doigts de devant réunis à leur base par une membrane.

Les oiseaux de la sixième tribu sont très-reconnaissables à la manière dont leurs doigts sont réunis par une membrane, ce qui leur donne en quelque sorte la forme de rames ; ce sont les oiseaux d'eau, et ici il y a des différences qui établissent deux divisions pour les naturalistes, mais dont nous croyons inutile de faire mention.

La septième tribu ou grande division est

tablettes pourra le permettre, l'ordre établi par M. Lacepède, à qui l'on doit la classification et l'arrangement de ces oiseaux; et nous ferons ici une observation essentielle pour les personnes qui n'ont aucune connaissance des méthodes adoptées dans les sciences. Le nom *générique* ou du *genre* dans lequel on a réuni plusieurs oiseaux qui se ressemblent par des caractères communs, étant fort avantageux pour l'étude, a été placé sur les étiquettes; mais ce nom ne doit pas leur donner une fausse indication sur la dénomination vulgaire de l'oiseau. Nous ne faisons cette

---

celle des oiseaux de rivage, reconnaissables, soit à leurs longues jambes, soit à leurs longs cous, soit même à la longueur de leurs becs.

Les oiseaux coureurs forment une huitième division peu nombreuse en individus, lesquels se distinguent à leurs doigts très-forts, et souvent à la petitesse de leurs ailes.

Nous parcourrons dans la septième Promenade le reste des passereaux et les cinq dernières tribus.

remarque que parce que nous avons vu des personnes se disputer sur le nom vulgaire de certains oiseaux, en s'étayant sur le nom générique qu'ils lisaient sur l'étiquette. « Ainsi, disaient-elles, cet oiseau est un *merle-grive*, et non une *grive ordinaire*, car l'étiquette porte la première dénomination; de même le *moineau-serin*, le *moineau-chardonneret*, sont des moineaux, et non des serins et des chardonnerets communs. » — Ce raisonnement est absolument faux; car la dénomination de merle a été donnée à tous les oiseaux du même genre, et celui de grive, qui appartient à l'espèce, indique en effet que c'est la grive commune: de même que la dénomination de moineau, répétée sur toutes les étiquettes, et précédant les noms de nos serins et de nos chardonnerets vulgaires, annonce seulement que ces derniers sont du genre des moineaux, c'est-à-dire qu'ils ont des caractères extérieurs qui les rapprochent de ces derniers.

Maintenant nous allons parcourir la collection des oiseaux, en commençant par l'armoire qui est à côté de la porte de la salle des quadrupèdes. On doit remarquer qu'on a généralement placé de gauche à droite la suite des individus appartenant à une même espèce, et que les numéros des genres se suivent le plus possible des étages supérieurs jusqu'à la tablette du bas.

Les ARAS, qui se présentent les premiers, ressembleraient à de grands perroquets, s'ils n'avaient sur chaque joue une place dénuée de plumes que ces derniers n'ont pas, et qui ne contribue pas peu à leur donner une physionomie moins douce que celle des perroquets.

Les noms assez bizarres de beaucoup d'oiseaux ne doivent pas arrêter les personnes qui se livrent à cette étude; ces noms sont, pour la plupart, ceux que leur ont donnés les habitans des îles ou des parties du continent où ils naissent. Quelquefois aussi ils désignent une habitude de l'oiseau, et plus souvent son cri ou chant : c'est à son cri particulier que l'ara doit le sien ; car c'est ce nom rude qu'il répète à chaque instant dans l'état sauvage.

Leur plumage est la parure la plus recherchée de certains peuples : non-seulement il y en a qui en mêlent à leurs vêtemens, mais les Indiens, dans leurs jours de fêtes, choisissent les plus belles et se les passent, soit dans la cloison du nez, soit dans des trous qu'ils se font aux joues et aux oreilles, ce qui leur donne une physionomie qui paraitrait fort singulière chez nous.

Les *aras bleus* ne fréquentent point les aras rouges, quoiqu'ils vivent dans les mêmes forêts.

L'*ara vert* vient de Cayenne : c'est un des plus beaux et des plus rares : il est particulièrement estimé à cause de la douceur de ses mœurs, et de la facilité avec laquelle on l'apprivoise ; mais il ne faut pas que les étrangers ou les enfans qu'il ne connaît pas se fient à sa bonté, car il n'est aimable qu'avec ses amis.

Cet oiseau parle mieux que les autres aras, et cela n'est pas étonnant, parce qu'il écoute avec plus d'attention qu'aucun autre ce qu'on dit, et qu'il s'instruit, non seulement avec les hommes, mais même avec les perroquets qui savent parler.

L'*ara noir* n'est pas commun : on en prend peu, parce que cet oiseau se tient toujours éloigné des habitations, et se plaît particulièrement sur les montagnes les plus escarpées et les rochers les plus déserts.

Les *kakatoës* sont des PERROQUETS originaires, pour la plupart, de l'Asie méridionale et des îles de l'Océan indien. Malheureusement, ces jolis animaux, qui s'apprivoisent avec facilité, ne peuvent répéter que très-grossièrement quelques mots mal articulés; mais on croit que c'est malgré eux qu'ils ne répondent pas de la voix; car ils tâchent d'en dédommager par les caresses les plus affectueuses.

Ces qualités aimables se font surtout remarquer dans les perroquets à *huppe jaune* : ceux-là expriment leur satisfaction par une foule de petits mouvemens, et sur-tout en relevant leur huppe, haussant et levant alternativement la tête, et faisant un petit bruit sec avec leur bec.

C'est particulièrement lorsqu'on le renvoie, que cet oiseau a quelque chose de touchant dans ses manières, je dirais presque dans sa physionomie : alors il s'éloigne la tête un peu baissée, s'arrête et se retourne, comme pour savoir si l'on ne révoque pas l'ordre, et semble solliciter la faveur de rester.

Les perroquets sans huppe et à queue courte sont ceux que l'on appelait généralement autrefois *papegauts;* les petits, que nous nommons ordinairement perruches, s'appelaient alors perroquets : on doit remarquer, en jetant un coup d'œil sur les étiquettes de ceux qui garnissent cette armoire et la suivante, que ce nom de perruche et celui de perriche, adoptés par de célèbres naturalistes, ne l'a point eté par M. Lacepède. Il faut convenir qu'il n'y a en effet aucune autre différence entre les perruches, perriches et perroquets que la grandeur. Quoi qu'il en soit, je n'en regrette pas moins, pour l'instruction des personnes qui ont puisé dans les ouvrages de Buffon le goût de l'histoire naturelle, que l'on n'ait pas ajouté au bas de la dénomination générique le nom vulgaire de perruche ou perriche, à toutes les espèces que cet immortel écrivain a ainsi désignées ; car Buffon, après avoir été le livre des naturalistes, sera long-temps encore celui des gens du monde.

Ainsi donc les petits perroquets,

que nous voyons en grand nombre dans la deuxième armoire, sont les perruches et les perriches dont Buffon a décrit un très-grand nombre : les *perruches* sont les petits perroquets de l'ancien continent, et les *perriches* les petits perroquets du Nouveau-Monde.

Les perroquets à queue courte sont les plus communs : plusieurs d'entre eux sont recherchés à cause de leurs bonnes qualités : le *noira*, que l'on nomme aussi *lori noira*, est très-estimé et même fort cher dans les Indes, à cause du grand attachement qu'il voue à son maître.

En général, les marchands d'oiseaux donnent le nom de *loris* à toutes les espèces de ces perroquets qui ont le plumage rouge, et qui sont originaires des Indes Orientales.

Tout le monde connaît le perroquet *Jaco* (seconde armoire) qui nous vient d'Afrique : c'est celui qui apprend le plus facilement à parler : il imite sur-tout, avec beaucoup de justesse, la voix des enfans, et même la danse, les mouvemens que l'on répète devant lui. Les perroquets aiment généralement les vins sucrés, et particulièrement le vin muscat; et j'ai remarqué que le *Jaco*, étant plus bavard et plus singe que les autres, avait une ivresse extrêmement gaie : c'est sur-tout dans les villes méridionales de la France que cet oiseau a été répandu. Les marins qui faisaient autrefois les voyages des côtes d'Afrique en rapportaient une grande quantité; et ces perroquets étaient aussi communs dans certaines villes commerçantes que les chiens le sont à Paris. A Bordeaux, par exemple, on ne pouvait traverser les marchés publics sans être arrêté par les injures des halles, que ces perroquets disaient en patois à tous les passans; souvent même ils se répondaient d'une boutique à l'autre avec l'accent particulier des harangères, de manière à faire croire que les marchandes se disputaient avec beaucoup d'acharnement.

Le *maypouri*, dont on remarque ici trois beaux individus, n'a que le mérite de son plumage; car son chant est une espèce de sifflement aigu qu'il répète en volant dans les forêts humides de la Guiane et du Mexique.

Le perroquet de *paradis*, qui vient de l'île de Cuba, doit sans doute son nom à la beauté de ses couleurs, puisqu'il n'a rien d'extraordinaire dans ses mœurs.

Le *mascarin* s'appelle ainsi à cause de l'espèce de masque formé par les plumes noires qui entourent son bec rouge.

Le *vaza*, nom que le perroquet qui est à côté porte à Madagascar, se reconnaît facilement à la petitesse de son bec; celui-ci apprend assez bien à parler.

Parmi les perroquets à queue longue

qui garnissent le reste de cette armoire se trouvent les plus jolies perruches; on remarquera sur-tout, pour leur petitesse, celles appelées *coulacissi*, le *toui d'été*, celles de *Taïti*, qui ne sont pas plus grosses que des moineaux, et celle d'*Alexandre* que l'on appelle ainsi, parce qu'on croit que ses soldats la transportèrent les premiers dans la Grèce; au même étage on remarquera aussi le *guarala*, que les habitans du Brésil appellent *guiraba*, c'est-à-dire *oiseau jaune*; c'est une perriche que les sauvages estiment beaucoup, sans doute à cause de sa belle couleur.

Les sauvages qui habitent les pays où les perroquets nichent, ont en propriété de petites portions de forêts qui se conservent depuis fort long-temps dans les mêmes familles, et dont le revenu consiste soit dans les plumes qui tombent de ces oiseaux, et dont ils font un grand débit, soit dans la vente des oiseaux mêmes. On sent bien, d'après cela, que les arbres qui servent d'habitation aux perroquets sont aussi soignés par leurs propriétaires, et aussi précieux pour eux que s'ils rapportaient des fruits du plus grand prix.

Nous nous arrêterons un instant sur les TOUCANS, oiseaux vraiment singuliers par leur énorme bec, qui n'est nullement en proportion avec leur corps. Heureusement que ce bec, qui, comme l'on voit, est dans quelques espèces presque aussi long que le reste de l'animal, n'est pas aussi épais que celui des autres oiseaux : il est d'ailleurs si fragile, qu'ils ne peuvent s'en servir pour briser les objets un peu durs. Ce bec, qui fait que ces animaux ressemblent à des oiseaux ridiculement masqués, n'est pas la seule sigularité qu'ils présentent; leur langue est bien aussi curieuse, puisqu'elle est garnie des deux côtés de petites barbes serrées qui lui donnent tellement l'air d'une véritable plume, que quelques naturalistes lui ont donné ce nom, que désigne aussi celui de toucan dans le langage des naturels du Brésil.

Malgré la conformation singulière de sa langue, le toucan est fort bavard; son chant est une espèce de sifflement qu'il répéte vivement et précipitamment pendant fort long-temps; aussi les naturels des contrées de l'Amérique méridionale que le toucan habite l'ont-ils nommé l'*oiseau prédicateur*.

Comme il s'apprivoise facilement lorsqu'il est jeune, on a pu observer ses habitudes, et l'on a remarqué que lorsqu'on lui présente quelque graine ou autre fruit qu'il aime, il le prend, le lance en l'air, ouvre le bec et le reçoit dans son large gosier, ce qui passerait, dans d'autres animaux, pour un trait d'adresse, fruit d'une éducation particulière.

Sans doute, lorsqu'on a vu les perroquets, ces oiseaux sont peu remarquables par leur plumage, aussi les deux appelés *dicolor* (à deux couleurs) sont-ils les seuls qui méritent d'être distingués ; cependant les naturels du Brésil se font, avec les plumes du toucan à *gorge jaune*, des parures qu'ils portent les jours de fêtes, sur-tout lorsqu'ils doivent danser. On les recherchait aussi beaucoup en France lorsque les manchons de plumes étaient à la mode; et comme on suppose toujours des vertus particulières aux objets naturels qui ont des formes remarquables, on ne sera pas étonné d'apprendre que les sauvages se servent de la langue en plume de ces oiseaux pour composer des remèdes qu'ils croient souverains dans certaines maladies. Quoique la peau du toucan soit bleuâtre et sa chair presque noire, on la mange dans le pays.

Les COUROUCOUS vivent solitaires dans les bois épais et humides, et se nourrissent d'insectes. Le nom de cet oiseau rend à peu près son cri triste et monotone. On sent bien que les sauvages se servent de ses plumes, et l'on assure que les anciens Mexicains en composaient des tableaux fort agréables et différens ornemens qu'ils portaient à la guerre ou qui leur servaient à embellir leurs fêtes.

Les TOURACOS, que l'on remarque au même étage, viennent de l'Afrique, et quoique Buffon en ait eu un quelque temps vivant il n'a rien pu savoir des mœurs naturelles de ce bel oiseau qu'il plaçait à côté des coucous.

Les BARBUS (à l'armoire suivante) ont été ainsi nommés par les naturalistes, à cause des plumes effilées qui garnissent la base de leur bec, et qui ressemblent en effet, à quelque distance, à de la barbe. Ce sont des oiseaux tristes, silencieux, qui habitent la zone torride, et ne sortent guère des lieux solitaires. Le *barbu tamatia* habite particulièrement l'Amérique : son caractère est assez semblable à celui des autres ; il y en a même qui sont si lourds, si tristes ou si stupides, que, lorsqu'on tire un coup de fusil assez près d'eux, ils ne quittent pas la branche sur laquelle ils sont pesamment perchés.

Les JACAMARS ressemblent assez à ces oiseaux appelés vulgairement *martins-pêcheurs ;* mais la disposition de leurs doigts, qui est différente, annonce que ce sont des grimpeurs. Ces oiseaux se trouvent à l'Amérique, où ils cherchent de préférence les lieux humides, parce qu'ils se nourrissent d'insectes.

Les PICS se trouvent dans toutes les parties du monde, et peuvent être considérés comme les meilleurs grimpeurs, puisqu'ils se servent non seulement de leurs doigts comme les autres, mais encore de leur queue, dont les longues plumes deviennent un point d'appui lorsqu'ils se tiennent dans une situation verticale.

Les espèces les plus communes en Europe sont le *pic noir,* le *pic vert,* l'*épeiche* et le *pic varié*, dont on voit ici plusieurs individus.

Les personnes qui ont vécu quelque temps à la campagne connaissent les mœurs de cet oiseau, et peut-être leur a-t-on dit sur ses habitudes des particularités qui, pour être piquantes, n'en sont pas plus exactes ; telle est celle qui attribue les mouvemens que fait le pic, après avoir donné quelques coups de bec sur l'écorce d'un tronc d'arbre, à l'envie de s'assurer s'il l'a percé, tandis qu'ils sont dus à la recherche qu'il fait des insectes que ces coups de bec font sortir d'entre les gerçures de l'arbre.

Le *pic vert*, qui est un de ceux qui va le plus sur la terre, se nourrit principalement de fourmis. On prétend qu'il couche sa longue langue dans le voisinage des fourmilières, et particulièrement dans les sentiers que ces insectes ont coutume de suivre pour retourner à leurs habitations souterraines, et que, lorsqu'elle est bien couverte de fourmis, il la retire, et les avale : ce fait aurait besoin de confirmation, et la nature est assez belle par elle-même, sans chercher à l'embellir par des fables : ce qui est plus certain, c'est que le pic vert ravage les fourmilières en les bouleversant avec son bec et ses pieds, et dévorant ses habitans, qui, par cela seul que cet oiseau est leur ennemi, ne doivent pas se promener paisiblement sur sa langue. Lorsque les habitans des campagnes entendent le pic vert répéter dans les bois un cri particulier que l'on peut rendre par le mot *plieu, plieu*, dit d'un ton plaintif et prolongé, ils assurent que l'on aura de la pluie; et j'ai remarqué que ce présage trompait rarement : aussi les Anglais appellent-ils le pic vert l'*oiseau de pluie;* et l'on croit assez généralement que c'est là l'*oiseau pluvial* dont les Romains interprétaient les mouvemens et les apparitions.

Le *pic noir*, qui habite particulièrement le nord de l'Europe, fait plus de ravages dans les bois que les autres. Celui qui a le bec blanc vient de la Caroline. Les Américains des parties septentrionales achètent fort cher ces becs blancs, pour en former des couronnes qu'ils présentent à ceux d'entre eux qui reviennent vainqueurs dans les combats.

Parmi les plus beaux pics de cette collection se trouvent ceux qui habitent la Guiane, et que l'on y appelle *oiseaux charpentiers*, à cause de leurs habitudes. On doit remarquer aussi que les plus petits sont des espèces étrangères à nos climats. Les personnes peu familières avec l'histoire naturelle doivent retrouver dans cette nombreuse famille la preuve d'une vérité dont elles ne sauraient trop se pénétrer, c'est que ce n'est ni sur la grandeur de l'oiseau ni sur la couleur du plumage que l'on doit juger que certains individus sont du même genre, puisque, parmi les pics, il y en a de toutes les nuances, depuis le blanc jusqu'au noir, et qu'on en remarque d'aussi gros que de beaux corbeaux, et de plus petits que des moineaux.

Les TORCOLS ont la langue à peu près conformée comme celle des pics; mais leur nom suffit pour indiquer une habitude qui leur est particulière. Lorsque la surprise, l'effroi, ou même des sentimens moins prononcés, agitent cet oiseau, il tord lentement le cou, et le tourne de manière que sa tête est tout à fait renversée sur son dos.

Le torcol a des habitudes plus bizarres. Lorsqu'il est nouvellement dans une cage, et qu'on s'en approche, il se dresse sur ses ergots, avance lentement, en relevant les plumes du sommet de la tête et fixant la personne qui est en présence, puis saute vivement au fond de sa cage qu'il frappe de coups de bec en rabattant sa petite huppe; il recommence ce singulier manége, et le répète quelquefois jusqu'à ce qu'il soit fatigué. Ce sont sans doute les manières vraiment originales de cet oiseau qui l'avaient rendu l'objet de la superstition des anciens : ils s'en servaient pour faire des enchantemens, des philtres ; et son nom même (on l'appelait *jynx*) signifiait, au rapport de plusieurs historiens et poètes grecs, ce charme particulier, cette espèce d'enchantement qui nous attire vers la beauté : aussi disaient-ils que Jason tenait de Vénus même le jynx qui força Médée à l'aimer.

Ce petit oiseau, que l'on rencontre assez communément dans quelques parties de la France depuis la fin du printemps jusqu'au commencement de l'automne, a bien perdu chez nous de son pouvoir : comme il s'engraisse facilement vers la fin de l'été, sa chair est alors fort délicate ; ce qui lui a fait donner, dans certains cantons méridionaux de la France, le nom d'*ortolan*, lequel appartient à des oiseaux du genre du bruant, ainsi que nous le verrons lorsque nous en serons aux passereaux.

Les coucous sont, de tous les oiseaux de nos climats, ceux qui ont donné lieu à un plus grand nombre de fables populaires. Il suffit, en effet, qu'un oiseau ait dans ses habitudes quelque singularité remarquable, pour qu'on mette aussitôt sur son compte une foule d'absurdités. On a dit avec raison que toutes les vérités se tenaient dans la nature; on aurait dû ajouter que toutes les erreurs se tenaient encore plus intimement. Nous laisserons donc de côté ces prétendues métamorphoses d'épervier en coucou, et le parti que celui-ci prend, pour ménager ses ailes, de se mettre sur le dos d'un oiseau de proie, qui se charge complaisamment de le voiturer, depuis les pays chauds jusqu'en France, au commencement du printemps; et le changement qui s'opère l'hiver dans l'espèce du coucou, qui devient souvent un crapaud ; changement qui n'est autre chose que l'effet de la mue sur ceux de ces oiseaux que quelque maladie a retenus dans nos climats pendant l'hiver, où l'on en trouve de cachés dans le creux des arbres. Il y a plusieurs siècles que l'on répète les mêmes absurdités dans les mêmes lieux, et l'on ne peut pas plus empêcher quelques crédules villageois d'y croire qu'on ne peut les guérir de la peur des loups-garoux et des revenans.

Mais voici ce qu'on sait depuis longtemps aussi sur le coucou, du moins sur celui d'Europe, c'est que la femelle va pondre dans les nids des autres oiseaux, et particulièrement dans ceux des fauvettes, des lavandières, des bruants, des bouvreuils, etc., dont elle détruit les œufs, ou du moins une partie, avant que d'y mettre le sien. On sait enfin, et c'est ici le plus singulier, que la fauvette ou autre mère adoptive couve les œufs du coucou avec autant et plus de soin que les siens propres, et qu'elle élève et nourrit les petits comme s'ils étaient de son espèce.

Ici doit s'arrêter l'histoire du coucou : on a dit qu'il était ingrat, qu'il dévorait ses parens nourriciers, ou ses frères ; tout cela est faux. Peut-être, il est vrai, l'année suivante le hasard amènera un coucou femelle vers le nid de sa propre nourrice dont il dévorera les œufs pour y déposer le sien ; mais, comme le coucou choisit pour cette opération l'instant où le mâle et la femelle sont absens, on aurait tort de dire qu'il sait que c'est sa mère adoptive qu'il dépouille ainsi.

Nous savons tous que les coucous sont très-inconstans ; qu'ils ne s'*apparient* point (c'est-à-dire qu'ils ne s'unissent point par paires, comme les perdrix et un grand nombre d'autres espèces) ; et ce caractère volage ou indifférent explique en partie leur peu d'attachemtnt pour leur progéniture.

Le coucou ordinaire est le seul qui vienne habituellement en France passer le printemps et l'été ; ainsi toutes les autres espèces sont étrangères à nos climats.

Les uns ont été apportés d'Afrique, d'Amérique et de Madagascar : il y en a sur la côte du Malabar qui sont en grande vénération, parce qu'ils détruisent les insectes nuisibles ; tandis qu'à la Guyane, les nègres ont surnommé une espèce de ce genre *piaye*, c'est-à-dire, *ministre du diable*, parce qu'ils la regardent comme un oiseau de mauvais augure. Enfin, il est peu de pays où l'on ne trouve de coucous, que l'on reconnaît plus à la forme de leur bec et de leurs pieds qu'à leur plumage, qui est différent dans chaque climat. Nous ne parlerons donc que de la seule espèce étrangère qui offre quelque particularité dans ses habitudes : c'est le *petit indicateur*, qui se trouve à quelque distance du cap de Bonne-Espérance. Cet oiseau, qui est une variété de celui nommé simplement l'*indicateur*, est un petit espion fort utile aux Hottentots qui vont à la recherche du miel que les abeilles sauvages déposent dans les creux des arbres, qui leur servent de ruches. Vers le matin et le soir, c'est-à-dire, quand le soleil n'est pas dans toute sa force, cet oiseau fait entendre un cri aigu, et qui ne ressemble en rien au chant ennuyeux du coucou commun : à ce signal, les chasseurs se rassemblent, l'indicateur, vole au-devant d'eux d'arbre en arbre et les guide ainsi jusqu'à celui qui sert d'asile aux abeilles. Là, il redouble son cri, et semble appeler avec plus de zèle : lorsqu'il voit que les chasseurs ont compris son indication, il s'éloigne un peu, attend que la récolte soit faite, et vient ensuite recevoir une petite part du butin, que l'on ne manque jamais de lui donner, pour l'encourager à la délation : comme on a soin de ne pas le rassasier, il part de nouveau et dirige d'autres découvertes. Il est inutile de dire que cet oiseau sent qu'il ne pourrait seul pénétrer dans la ruche, et qu'il a besoin d'aide pour son expédition ; car, sans cela, il n'aurait jamais mérité le nom d'indicateur.

Les oiseaux qui sont à côté des coucous sont encore des grimpeurs ; mais leurs mœurs diffèrent beaucoup de celles de ces êtres volages : en effet, les ANIS non seulement volent par troupes, mais même construisent leur nid en commun, et il n'est pas rare de voir cinq ou six femelles pondre et couver dans le même nid. La communauté vit dans la plus grande intelligence ; et si quelque œuf roule dans le petit tas de la voisine, celle-ci le couve avec autant de soin que les siens propres. Il n'est pas étonnant que des oiseaux dont le caractère est si doux soient faciles à apprivoiser : aussi les deux que l'on a surnommés *dociles*, et qui sont, je pense, de l'espèce appelée à l'Amérique l'*ani des paletuviers*, parce qu'ils se tiennent de préférence dans les lieux plantés de ces arbres, sont très-faciles à apprivoiser, et parviennent même à prononcer quelques mots, ce qui leur a fait donner par les Nègres le nom de *perroquets noirs;* mais on ne sait trop pourquoi ils appellent aussi ceux-ci *diables des paletuviers*, et les autres *diables des savanes*.

C'est à l'armoire suivante que commencent les oiseaux de proie.

Les premiers qui se présentent sont les VAUTOURS PAPAS, que les naturalistes appellent aussi *roi des vautours*, quoique celui du Pérou, appelé *condor*, soit plus grand et plus fort, d'après toutes les descriptions qu'on en a données. Leurs mœurs ressemblent à celles des griffons, et leur physionomie suffit pour annoncer que ce sont des oiseaux très-carnassiers.

L'*urubu* est encore plus vorace et plus sale que le *vautour papa ;* les Espagnols et les Portugais le prenaient pour une espèce de dindon, parce qu'en effet il a un peu de sa physionomie, mais ses mœurs diffèrent beaucoup de celles des gallinacés : on le trouve dans les parties méridionales de l'Amériqne, et dans le continent de l'Afrique : c'est là que ces oiseaux se rassemblent, et qu'ils suivent d'assez loin les Hottentots, qui ne vont à la chasse de plusieurs quadrupèdes que pour en avoir les peaux. Aussitôt que les chasseurs en ont abandonné les cadavres, les urubus accourent en troupes, s'appellent et se réunissent pour les dévorer. En un instant ils ont tout enlevé, et ne laissent que les os nettoyés avec un art dont eux seuls sont capables.

Nous avons parlé des mœurs des

GRIFFONS en visitant ceux de la ménagerie (page 79 dn tome Ier).

L'on fait des fourrures fort chaudes avec cette partie de la peau des vautours, qui est couverte de duvet. On fait aussi du cuir assez bon avec les peaux de ces oiseaux.

C'est particulièrement aux AIGLES DORÉS, appelés aussi grands aigles, dont on voit plusieurs beaux individus dans cette armoire, que l'on a donné les titres *d'oiseau céleste* ou de *Jupiter*, et de *roi des airs* : celui de *céleste* lui vient de la hauteur à laquelle il s'élève dans les airs. Quant à ses habitudes, elles se rapprochent de celles de l'aigle commun que nous avons vù à la ménagerie (page 103 du tome Ier). Il est rare que l'on représente un aigle sans placer un agneau dans ses serres, quoiqu'il prenne plus souvent des lièvres et d'autres animaux qui sont beaucoup plus communs que les agneaux : d'ailleurs, l'aigle n'emporte pas ordinairement sa proie toute entière sur son aire, mais seulement des membres séparés, sur-tout quand ce sont des pièces aussi pesantes que celles dont on a l'habitude de le gratifier trop généreusement.

Le *grand pygargue* construit son aire sur de arbres, élevés : l'on dit aussi que, comme le grand aigle, il chasse ses petits, lorsqu'ils sont en état de voler : ce que l'on attribue de même au *petit aigle tacheté;* mais il est des observations qui ont besoin d'être souvent répétées par les voyageurs avant d'être mises au rang des faits qui constituent les mœurs des espèces; de ce nombre sont celles qui semblent contrarier l'ordre éternel de la nature. Je ne prétends pas affirmer que plusieurs aigles ne chassent pas leurs petits de l'aire; mais je crois que ce n'est pas dans le caractère essentiel de ces animaux. J'ai voyagé dans les montagnes; là, j'ai consulté, non les naturalistes, mais les simples habitans, dont les opinions ne se forment pas sur les faits répétés dans les livres; et je crois pouvoir en conclure qu'il n'y a que les aigles qui habitent les montagnes les plus désertes, les plus stériles, qui renvoient ainsi leurs aiglons par l'impossibilité où ils sont de les nourrir; et, en effet, ce n'est en quelque sorte qu'en s'établissant à une grande distance les uns des autres que tous peuvent trouver leur subsistance. L'on voit qu'en envisageant les faits sous leur véritable point de vue, les traits d'inhumanité apparente se réduisent à des précautions dictées par l'indispensable nécessité et par la nature même des lieux qu'habitent ces animaux.

L'*aigle ossifrague* est cet oiseau, plus généralement connu sous le nom d'*orfraie,* nommé vulgairement *aigle barbu*, à cause des plumes fines et pendantes qu'il a sous le cou : les naturalistes l'appellent aussi *grand aigle de mer*, parce qu'en effet il se tient de préférence sur le rivage des mers, des rivières et dans les environs des lacs, où il prend des poissons qui forment en partie sa nourriture : je dis en partie, parce qu'il se nourrit aussi de gibier. Loin d'accuser l'orfraie de cruauté envers ses petits, comme on le fait à l'égard du grand aigle, on dit que la femelle reçoit et élève avec une attention vraiment maternelle les petits aiglons chassés de l'aire paternel, et qui se réfugient dans son nid. Quoique ce fait, rapporté par plusieurs naturalistes, ne soit pas bien avéré, il pourrait cependant être exact, puisqu'une observation habituelle nous apprend que nos oiseaux de basse-cour couvent et élèvent les espèces différentes d'oiseaux qu'on veut bien leur confier.

Dans l'armoire suivante se voient plusieurs autres espèces d'aigles, parmi lesquelles on distingue le *balbuzard*, qu'on a nommé pareillement *aigle de mer*, et que les habitans de quelques parties de la France appellent dans leur idiome particulier *corbeau pêcheur* : la dénomination d'aigle de mer lui convient moins qu'à l'orfraie ; car le balbuzard préfère le bord des lacs et des étangs, et ne se tient sur les rivages de la mer que lorsqu'il n'y a pas d'eaux douces poissonneuses dans l'intérieur des terres. Les anciens et un célèbre naturaliste du siècle dernier ont prétendu que cet oiseau nage d'un pied et prend le poisson de l'autre. Un coup d'œil jeté sur les pieds du balbuzard, suffit pour détruire cette assertion peu exacte, devenue une erreur populaire, qui est encore assez généralement répandue.

L'*urubitinga* est un aigle du Brésil ; l'*aigle gaulois*, le plus commun des aigles de France, et celui que les habitans des campagnes redoutent le plus, parce qu'il se nourrit particulièrement d'oiseaux des basses-cours, est cet oiseau de proie qu'ils appellent *jean le blanc*, à cause de la blancheur des plumes qui garnissent le dessous de son corps et de ses ailes.

Parmi les autres, on voit les aigles communs, ceux qu'on appelle aussi vulgairement *aigles-autours*, et quelques petits aigles étrangers, dont les mœurs ne sont pas bien connues.

Dans les étages du bas, on a placé les AUTOURS, qui sont fort communs en France, et font également la guerre aux basses-cours : ils se nourrissent aussi de petits oiseaux, de souris et d'autres petits animaux ; ils se battent même avec des oiseaux de proie, et paraissent être cruels et sanguinaires.

L'armoire suivante renferme encore un grand nombre d'oiseaux de proie de deux genres particuliers. Nous avons pu remarquer, en examinant un ÉPERVIER vivant à la ménagerie (IIIe Promenade, page 102), que cette espèce a, à peu de chose près, les habitudes des autours; on les dresse également à la chasse : les uns et les autres s'apprivoisent facilement.

On aura sans doute observé que, parmi les oiseaux de proie de jour, le mâle est beaucoup plus petit que la femelle : cette règle est générale dans ces espèces d'oiseaux ; aussi les mâles sont-ils nommés *tiercelets*, pour indiquer qu'ils sont d'un tiers plus petits.

L'épervier surnommé *hagard* ne diffère de l'*épervier-sors* que par la couleur du plumage.

L'*épervier cendré*, ou *saint Martin*, est le même oiseau que plusieurs naturalistes appellent *faucon lanier*, ou *lanier cendré* : il est moins commun en France que les autres espèces ; il se nourrit ordinairement de reptiles. L'*épervier gros-bec* se trouve plus particulièrement à Cayenne.

Les BUSES sont des oiseaux fort paresseux ; leur air stupide a donné l'idée de faire de leur nom une injure. Elles se perchent habituellement sur un arbre, ou sur quelque éminence, pour attendre que des oiseaux, des lièvres, des reptiles, ou même des insectes, passent à leur portée, pour fondre dessus et les dévorer ; tout leur est bon : elles sont d'autant plus dangereuses pour les autres espèces, qu'elles dévastent leurs nids et mangent tout ce qu'elles trouvent. La *bondrée* est, en France, la moins commune des buses ; elle se plaît dans les lieux découverts, et il y a des cantons où on la mange vers l'hiver, parce qu'alors elle est assez grasse.

L'armoire suivante renferme des BUSARDS de deux espèces, dont les surnoms indiquent assez bien les habitudes : celui *des marais* se nourrit autant de poisson que de gibier. Le busard paraît moins stupide, et plus méchant que la buse ; il a aussi plus d'activité que ce dernier oiseau.

Au-dessous se voient quelques

MILANS : s'ils paraissent au premier aspect avoir de la ressemblance avec les busards, on ne peut, quand on en apperçoit dans les campagnes, les confondre avec d'autres oiseaux. Loin de rester tristement perchés sur un arbre, pendant des heures entières, comme les buses, les milans sont presque toujours dans les airs, et ne paraissent se reposer que la nuit : ils volent tantôt avec grace, tantôt avec une immobilité qui tient du prodige. On dirait, lorsqu'ils s'arrêtent dans l'espace, qu'ils y sont suspendus et fixés par une force invisible, car il est impossible de distinguer aucun mouvement, soit dans leurs ailes, soit dans leur queue. Tous les oiseaux de proie diurnes sont célèbres par l'étendue de leur vue ; mais celle du milan parait plus perçante encore que celle d'aucun autre, puisqu'il fond d'une hauteur prodigieuse sur les petits animaux qu'il a long-temps fixés. Malgré ces qualités naturelles, qui tiennent à son heureuse conformation, le milan est un oiseau méprisable par sa lâcheté; et c'est lui véritablement qui mérite, à cet égard, l'épithète d'ignoble, puisqu'il n'attaque que les plus petits oiseaux, et se laisse battre par l'épervier, qui souvent le fait fuir, ou lui enlève sa proie. C'est même à la remarque de la haine qui existe entre ces oiseaux que l'on dut les combats aériens dont les princes se firent longtemps un spectacle; et, comme le *milan vulgaire* servait aux plaisirs des rois, les naturalistes lui donnèrent le surnom de *royal*.

Les FAUCONS sont les oiseaux de proie sur lesquels on a le plus écrit; ce sont eux qu'on a principalement nommés *oiseaux de proie nobles*, à cause de la destination qu'on leur a donnée, et de la facilité avec laquelle on les dresse à la chasse des autres oiseaux : ce qui constitue les principes de la *fauconnerie*.

Le faucon habite les montagnes les plus élevées, les plus désertes; c'est pourquoi la nécessité le force d'agir envers ses petits comme l'aigle doré agit envers ses aiglons : comme lui, il les oblige à aller s'établir au loin, afin de trouver de quoi subsister. Cet oiseau s'élève à une hauteur prodigieuse, et attaque avec courage les oiseaux, sur lesquels il fond perpendiculairement.

Le surnom de *niais* a été donné par les fauconniers aux jeunes faucons pris dans leurs nids.

Les mœurs que nous venons de peindre appartiennent, non à toutes les espèces, mais principalement au *faucon vulgaire*, dont on voit ici plusieurs individus, et au *gerfault*, qui est l'oiseau de chasse le plus recherché. On ne trouve guère ce dernier que dans les pays froids, au lieu que les faucons proprement dits habitent toutes les parties de l'Europe; mais, quoique le gerfault ne niche que dans le Nord, on en transporte dans les cours du Levant et en Perse, où on les élève de même pour la chasse.

Les *cresserelles* sont des oiseaux très-communs dans plusieurs contrées de la France; elles habitent les masures, les châteaux abandonnés et les bois, et ne sortent guère de leurs retraites que le matin de bonne heure, et vers le soir. On les reconnaît à un cri particulier, que l'on peut rendre par le son *pli*, répété avec précipitation, et qui effraie tellement les oiseaux, qu'ils quittent les arbres sur lesquels ils étaient perchés : c'est alors qu'elles les poursuivent avec un acharnement qui leur fait braver tout danger; car il n'est pas rare, dans les maisons isolées, d'en voir entrer jusque dans les appartemens, toujours en poursuivant les oiseaux, qui cherchent en vain un asile contre ces cruelles ennemies.

Les *émérillons* ont généralement les

goûts des faucons : on les élève pour la chasse des cailles et des grives.

On reconnaît facilement les *oiseaux de proie nocturnes* (à l'armoire suivante) à leur physionomie : les naturalistes les comprennent sous le nom générique de CHOUETTES, qui est aussi, comme on sait, le nom particulier d'une espèce.

Nous avons fait connaître les mœurs des *ducs*, espèces de grands *hiboux*, dont plusieurs sont vivans dans la ménagerie (page 104 du tome 1er).

Les autres *hiboux* doivent leurs surnoms, soit aux pays qu'ils habitent, soit aux nuances de leur plumage.

Le *harfang*, qui est à l'étage du milieu, est une espèce de *grande chouette blanche* qui ne se trouve que dans les pays froids, et qui, en Laponie, est d'un blanc de neige. Son nom est celui que cet oiseau porte en Suède ; mais, quoique placé parmi les oiseaux nocturnes, on assure qu'il sort dans la journée, et poursuit sa proie comme les oiseaux de jour.

Les *effraies* doivent, dit-on, leur nom à l'effroi qu'inspire le cri qu'elles font entendre dans le silence de la nuit. Comme ces oiseaux habitent l'intérieur des villes, et sur-tout les bâtimens élevés, on les nomme *chouettes des clochers*. Nous ne rapporterons pas les diverses dénominations que la crédulité et la peur leur ont données dans quelques parties de la France, où l'on s'imagine que, vivant dans le voisinage des cimetières, elles présagent la mort de l'un des habitans d'une maison, lorsqu'elles passent au-dessus, la nuit, en criant. Tout cela prouve seulement la faiblesse de l'esprit humain, et celle-ci est presque toujours la suite de l'ignorance. On sent bien que plusieurs effraies, habitant ensemble une même ville, doivent passer successivement, dans le courant de l'année, sur toutes les habitations; d'où il suit que les villes habitées par ces espèces de chouettes devraient être désertes au bout de cinq ou six ans....

Les *hulottes*, que l'on nomme vulgairement *chouettes noires*, et que les Grecs nommaient *corbeaux de nuit*, ont, à peu de chose près, les habitudes des hiboux; seulement, lorsque la faim les y oblige, elles vont jusque dans les granges faire la chasse aux rats et aux souris.

L'*ulule* est celle que l'on nomme tout simplement la *chouette*, ou même la *grande chevêche*. Elle fait ordinairement sa demeure dans les trous des rochers, dans les carrières, et même quelquefois dans la terre, lorsqu'il n'y a pas de rochers dans son voisinage: elle paraît préférer les pays couverts.

Les *chevêches* sont aussi appelées *petites chouettes*. Elles y voient assez bien le jour, car elles poursuivent quelquefois des hirondelles et d'autres oiseaux, lorsque le soleil est sur l'horizon; et l'on a remarqué qu'elles plument ceux qu'elles attrappent avant de les manger, ce que ne font pas les autres oiseaux de proie nocturnes. Je ne parlerai pas de quelques chouettes étrangères qui ne sont curieuses que par la variété de leur plumage, attendu qu'on n'a pu étudier leurs habitudes.

C'est à l'armoire suivante que commence la nombreuse tribu des PASSEREAUX; et parmi ceux-ci, il est peu d'oiseaux qui offrent une aussi grande variété dans les couleurs du plumage que les PIES-GRIÈCHES; on en a réuni une grande quantité dans ce même genre, à cause de la conformation de leurs pieds, et des rapports assez apparens dans celle de leurs becs. Il y a lieu de croire aussi que la plupart ont des ressemblances dans leurs mœurs; cependant, on ne connaît bien encore que celles des pies-grièches de nos climats : celles-ci sont particulièrement la *pie-grièche rousse*, dont on voit ici plusieurs individus; la *pie-grièche grise*, qui est ordinairement plus grande que la précédente; et celle que l'on appelle vulgairement l'*écorcheur*, qui n'est peut-être qu'une variété de la rousse, dont elle ne diffère guère que par la grandeur. La grise est la seule qui reste toute l'année dans nos climats; les autres y arrivent au printemps, et retournent en automne dans les contrées méridionales.

C'est sans doute à leur méchanceté, à l'habitude qu'elles ont d'attaquer des oiseaux qui les surpassent en grandeur, et quelquefois en force, qu'elles ont dû leur nom vulgaire. Au surplus, le courage est aussi leur partage, puisque, malgré leur petitesse, elles passent sans crainte auprès des éperviers et des faucons, que l'on peut considérer comme de véritables tyrans des airs.

Quoique les pies-grièches se nourrissent habituellement d'insectes, elles attaquent cependant les oiseaux, et même, à ce qu'on prétend, les petits levreaux. L'on dit que lorsque celle que l'on nomme vulgairement l'écorcheur, à cause de sa voracité, a pris beaucoup de petits oiseaux, elle les accroche aux épines d'un buisson pour pouvoir les retrouver, et se fait ainsi un petit garde-manger dans l'épaisseur d'une haie.

Cette derniere espèce et la *rousse* sont encore remarquables par l'art qu'elles mettent à construire leurs nids composés de mousse, de laine, d'herbes fines ou de racines chevelues, et qui sont à la fois si réguliers et si solides, que l'on croirait qu'ils ont été tissus avec nos métiers.

Les autres pies-grièches de cette armoire sont étrangères, et viennent des pays chauds et de la Louisiane; celles dont le plumage est presque blanc se trouvent dans les Alpes, la Suisse et les contrées froides de l'Allemagne. On nomme *bécardes*, celles qui ont le bec long, et ordinairement rouge, et qui nous viennent de Cayenne.

Les habitans des campagnes reconnaissent de fort loin les pies-grièches grises à leur cri aigu *troui-troui*, et à leur vol qui se fait, non à la même hauteur, ni même en descendant ou montant graduellement, mais toujours alternativement de bas en haut et de haut en bas.

Les *schets de Madagascar* se trouvent aussi à Ceylan et au Cap-de-Bonne-Espérance. Le *piauhau de Cayenne* doit son nom au cri aigu qu'il fait entendre en volant au-devant des toucans. Les piauhaus se réunissent par troupes, et sont toujours en mouvement dans les bois de la Guiane.

C'est sur-tout lorsque le naturaliste peut mettre sous les yeux de ses lecteurs ces animaux auxquels l'art a conservé les plus beaux traits de la nature qu'il se trouve agréablement soulagé d'un travail qui ne pourrait être qu'imparfait;

comment, en effet, décrire ces belles couleurs qui parent la plupart des COTTINGAS, et qui varient à chaque instant par leurs mobiles reflets, suivant le côté où se place le spectateur qui les admire, ou même suivant l'éclat plus ou moins pur du jour qui les éclaire? C'est ici qu'il faudrait la plume de Buffon...

Je me félicite donc de n'avoir à décrire que les mœurs de ces beaux oiseaux : celles du *jaseur* sont douces, simples; son caractère est aimant; et l'on remarque, parmi ces oiseaux, beaucoup d'intimité entre individus de même sexe; ce qui est assez rare chez les autres espèces. On sent bien que c'est à son cri, ou plutôt à son petit gazouillement *zi, zi, zi*, qu'il doit son nom. Quelques auteurs prétendent qu'il chante même dans la saison des amours.

Les jaseurs habitent particulièrement les contrées septentrionales de l'Europe : ce sont ces oiseaux que l'on nomme dans quelques ouvrages *geais de Bohême*, ou même *oiseaux de Bohême*, parce qu'en effet on en trouve beaucoup dans ce pays, ainsi qu'en Stirie. Leur passage en France étant rare, les habitans de quelques contrées ne manquent pas d'attacher à l'apparition de ces oiseaux un présage malheureux; les plus raisonnables en profitent et les mangent, parce que leur chair est aussi bonne que celle des grives.

Ce que nous venons de dire du jaseur ne doit pas s'appliquer aux cottingas en général; car ces oiseaux à couleurs brillantes ne se trouvent guère qu'à l'Amérique, et ne vont point en troupes comme les jaseurs: les créoles leur font la chasse pour leur beau plumage et la bonté de leur chair; il y a des pays où on les détruit avec soin, parce qu'ils font beaucoup de dégâts dans les rizières.

Les *cottingas caronculés*, qu'on appelle *guira-pangas*, sont assez rares, même à Cayenne; on les nomme aussi cottingas blancs. Lorsque ces oiseaux sont en repos, la caroncule blanche qu'ils ont sur la tête est molle et tombante comme celle des dindons; mais quand ils sont agités par quelque passion, elle se relève et s'alonge considérablement : cet effet est dû à l'air qu'ils font passer par un trou qui communique de leur palais dans ce tuyau charnu, et qu'ils y entretiennent aussi long-temps qu'ils le veulent.

Les *cottingas cordon bleu* ont été ainsi nommés à cause de la ceinture bleue qu'ils ont sur la poitrine.

Le *cottinga pourpre* est celui que l'on appelle *pacapac* ou *pompadour* : cette espèce se perche sur les grands arbres, et paraît à la Guiane dans le temps de la maturité des fruits, dont elle fait sa nourriture.

Le *cottinga ouette* se nomme aussi *cottinga rouge* : il voyage dans l'intérieur de la Guiane, qui est le pays d'où nous viennent presque toutes ces belles espèces, même celle à *plumes soyeuses,* nommée *quereiva.*

Les TANGARAS rivalisent, pour l'éclat des couleurs, avec les cottingas; ils nous ont presque tous été apportés de la Guiane et des autres contrées de l'Amérique. Plusieurs voyageurs, ne faisant pas attention à la petite échancrure de leur bec, les ont pris pour des moineaux de ces pays chauds, dont les oiseaux sont généralement parés des plus riches couleurs. Les tangaras ont en effet les mêmes habitudes que nos moineaux, sont aussi familiers qu'eux, et se nourrissent de même de petits fruits.

On sent bien que le nom du *cardinal de Canada* est dû à la couleur de son plumage.

Le *scariatte* se trouve au Pérou, au Mexique, au Brésil; il est assez rare à la Guiane, puisque autrefois les marchands qui venaient du Brésil en apportaient beaucoup dans cette contrée, et les vendaient fort cher aux habitans qui en faisaient des parures, et les élevaient aussi pour leur ramage, qui est fort agréable.

Le *tangara du Mississipi* a un sifflement très-aigu, et qui s'entend de fort loin; mais on sait qu'il ne s'amuse pas toujours à siffler, car, dans l'été, il fait des provisions très-considérables pour le mauvais temps; il les couvre avec des petites branches menues et des feuilles, ne laissant qu'une petite entrée à ce magasin qui lui sert de retraite pendant l'hiver.

Les deux *tangaras septicolor* (à sept couleurs) sont, comme on voit, parfaitement nommés : ces beaux oiseaux passent deux fois l'année en troupes nombreuses dans les environs de Cayenne, où ils ne viennent que pour manger d'un fruit qu'ils aiment beaucoup. Au Brésil, on les élève en cage, non pour leur chant, qui est un cri aigu, mais pour leurs belles couleurs.

Quelques auteurs ont donné au *tangara tricolor*, qui est à côté, le nom de *Pape de Magellan;* mais cette dernière partie de la dénomination est fondée sur une erreur, car cet oiseau paraît originaire de Cayenne.

Le *tangara pourpre*, appelé aussi *bec d'argent* par les habitans de Cayenne, est le plus commun de ce genre à la Guiane. Ces oiseaux, qui fréquentent habituellement le voisinage des habitations, se trouvent aussi dans les lieux déserts, et ne vont guère que par troupes; leurs nids sont assez singuliers; ils leur donnent la forme d'un rouleau creux un peu courbé, et les placent dans une situation horizontale, entre des branches. Comme l'ouverture de ces nids est tournée vers la terre, la pluie ne peut jamais entrer dans cette petite habitation.

Le nom de *diable enrhumé* que porte une espèce de tangara est celui que les créoles de Cayenne ont donné à cet oiseau.

L'*évêque de Cayenne*, ou plutôt le *Bleuet*, dont on voit deux jolis individus, est un oiseau fort commun dans les mêmes contrées.

Les *camails* doivent ce nom à la bande noire qui leur passe sur le front, et qui rappelle cet ornement des chanoines ; leurs habitudes ne sont pas connues, non plus que celles de toutes les espèces dont nous n'avons pas parlé en particulier, et dont les noms indiquent, comme on voit, soit les pays d'où ils nous sont venus, soit la variété de leurs plumages.

Les TYRANS se trouvent bien placés dans la méthode, après les pies-grièches dont ils ont la force et le courage. Il paraît que ces oiseaux sont les mêmes que ceux qu'on nomme *titiri* à Cayenne, et *pipiri* à Saint-Domingue, noms qui expriment assez bien le chant qui est particulier à quelques espèces ; mais le nom qu'ils portent, et sous lequel ils sont généralement connus, est dû à l'audace que montrent sur-tout ceux de la Guiane. Loin de fuir certains oiseaux de proie, ils les attaquent, les harcellent, les poursuivent, et, s'ils nourrissent leurs petits, ils bravent même les personnes qui tentent de les leur enlever ; les suivent s'ils les leur ravissent, et poussent la hardiesse jusqu'à venir les nourrir dans la cage où on les enferme ; mais alors ce qu'on nomme témérité n'est plus que le dévouement le plus tendre.

Les GOBE-MOUCHES et les MOUCHEROLES ont des habitudes assez bien indiquées par leurs noms : ceux qui sont noirs en dessus, blancs en dessous, et qui ont une espèce de collier aux côtés du cou, sont assez communs en France ; mais tous ceux qui ont des noms particuliers restent dans les pays chauds. Ainsi le *gobe-mouche aurantia* habite Cayenne, et l'*undulata* nous vient de l'île de France.

C'est sur-tout en parcourant le grand nombre d'espèces de MERLES, que l'on se convaincra que les variétés du plumage ne doivent pas trop influer sur les dénominations; car telle espèce est noire dans les climats tempérés, qui devient blanche dans les régions froides, et quelquefois aussi dans le même climat, et par des causes qui nous sont inconnues : c'est ce qu'on peut remarquer ici en voyant à côté du merle commun un *merle* absolument *blanc*, et qui n'est cependant qu'une variété de l'autre. Cet exemple suffira sans doute pour détruire un préjugé répandu même dans la classe des personnes aisées, et qui annonce que, lorsqu'elles disent : Je vous promets un *merle blanc*, elles croient promettre l'impossible. Beaucoup d'autres comparaisons populaires sont fondées sur des erreurs aussi absurdes. Nous avons fait observer que le nom de *merle* est à la fois le nom de genre de tous ces oiseaux, et le nom particulier à l'espèce de notre climat. D'autres naturalistes ont pris pour générique le nom de *grive*, et disent, pour désigner le merle commun, la *grive-merle*, tandis qu'ici on dit le *merle-grive;* ce qui, au fond, importe peu : mais ce que nous ne devons pas ignorer, et que les habitans des campagnes savent bien, c'est qu'on nomme merle celui de ces oiseaux qui a le plumage d'un noir foncé, et le bec jaune; bien entendu que je ne parle ici que du mâle, car la femelle a seulement le plumage brun et roux, et le bec brun; et qu'on nomme *grive* l'oiseau qui a le plumage de dessus le corps brun, l'aile tachetée de jaune, et le dessous du corps jaunâtre, avec des taches rondes et noires : c'est sans doute à ces taches qu'elle doit son nom, car c'est là ce qu'on appelle un plumage *grivelé.* Le *mauvis*, qui est une espèce de grive, a des nuances différentes, et se reconnaît à la ligne blanche qu'il a au-dessus et au-dessous de l'œil, et à des nuances plus variées.

Les merles diffèrent aussi des grives par leurs habitudes : les grives sont voyageuses, et ne font qu'un séjour fort court dans nos climats ; les merles, au contraire, ne quittent guère les lieux qui les ont vus naître, sur-tout s'il y a des arbres dont la feuille persiste pendant l'hiver, tels que des pins, des genièvres, etc., et, quoiqu'ils établissent leur domicile habituel dans des buissons ou sur des arbres peu élevés, ils recherchent cependant ceux qui peuvent leur offrir un abri dans la saison des frimas. Cette différence dans le choix du climat n'est pas la seule qui existe entre ces oiseaux. Tout le monde a été à portée de voir que les grives s'apprivoisaient plus difficilement que les merles : ceux-ci vivent très-long-temps en cage, apprennent à siffler des airs, et même à imiter la voix humaine; ils sont d'ailleurs beaucoup plus faciles à nourrir que les grives, puisqu'ils mangent, comme elles, de petits fruits, des graines et des insectes, et qu'on peut même leur donner de la viande hachée. Parmi le grand nombre d'espèces de grives qui sont connues des naturalistes, quatre seulement sont assez communes dans nos climats : la *grive* proprement dite, qui est une des plus petites espèces; la *drenne*, qui se nourrit particulièrement de graines de gui, et qui est la plus grande; ces deux espèces chantent agréablement, et paraissent être les seules qui nichent quelquefois l'hiver dans nos climats. Le *mauvis*, dont la chair est délicate, et la *litorne*, ont aussi des habitudes différentes : ceux-ci voyagent par troupes nombreuses, et ne passent presque jamais l'hiver en France.

Ce n'est pas d'aujourd'hui que les

grives ont une réputation méritée : les Romains en faisaient encore plus de cas que nous ; ils les conservaient toute l'année dans des espèces de volières, et les engraissaient avec les cailles et les ortolans : le pays des Sabins était sur-tout renommé par la grande quantité de ces volières, qui était une richesse pour ses habitans.

Les autres especes, étant presque toutes étrangères, ne sont pas aussi connues. Une seule fixera notre attention ; c'est le *merle aquatique*, appelé aussi *merle d'eau* : il est très-silencieux, se tient sur le bord des eaux limpides, dans le voisinage des lacs et des cascades, et offre, dit-on, une singularité très-remarquable, qui rencontrera sans doute beaucoup d'incrédules, au nombre desquels je me range. Quelques naturalistes avaient assuré que cet oiseau volait à la surface de l'eau, qu'il plongeait quelquefois, et se laissait aller au courant ; mais un autre assure l'avoir vu descendre au fond de l'eau, s'y promener long-temps, comme il eût fait sur la terre, et traverser ainsi un lac. Un fait qui parait si peu s'accorder avec la conformation des oiseaux mérite d'être observé avec beaucoup de soin. Le naturaliste qui le rapporte ajoute qu'en entrant dans l'eau, le merle aquatique laisse pendre ses ailes, et qu'à une certaine profondeur il paraît comme enfermé dans une bulle d'air ; qu'il agite toujours ses ailes, comme s'il tremblait; et cet observateur pense que cet oiseau a l'art de vivre ainsi dans l'eau, au moyen de l'air dont il s'entoure, et dans lequel il est plongé. Les merles aquatiques se trouvent particulièrement dans le Nord et dans le voisinage des hautes montagnes de France.

Les FOURMILIERS, dont le nom indique le goût et le genre de nourriture, nous viennent de l'Amérique, et particulièrement de Cayenne, où les fourmilières sont tellement grandes et multipliées, que, dans un espace de quelques lieues carrées, il y a plus de fourmis que sur la surface entière de la France. Le chant et le cri particulier à la plupart de ces oiseaux ont sur-tout attiré l'attention des voyageurs, et leur ont fait donner différens surnoms qui caractérisent les diverses espèces.

Les *carillonneurs* sont remarquables par le cri qu'ils répètent en sautillant, et formant entre eux un carillon semblable à celui de trois cloches, dont chacune rend un son différent. Leur voix est forte pour leur petite taille, et ce carillon ambulant se fait entendre souvent des heures entières sans intervalle.

Le *Musicien de Cayenne* a été nommé aussi l'*Arada ;* mais il est mieux caractérisé par ce premier titre, qui peint une qualité d'autant plus précieuse dans cette partie méridionale de l'Amérique que, parmi le grand nombre d'espèces qu'on y rencontre, il y en a fort peu dont le chant soit supportable. Les mœurs de ce fourmilier diffèrent d'ailleurs de celles des autres en ce qu'il vit solitaire, et se perche habituellement sur les arbres : c'est là qu'il fait entendre un ramage aussi brillant que varié. On assure même qu'il repète de temps en temps les sept notes de notre octave, à peu près comme font les jeunes gens qui s'essaient, et qu'ensuite il sifle des airs de la plus douce mélodie, avec une voix moins aiguë et plus touchante que celle de notre rossignol; ce qui donne à son chant quelque ressemblance avec les airs exécutés sur une flûte très-douce.

Les *palikours* sont les oiseaux auxquels on donne plus particulièrement le nom de fourmiliers : ils sont plus vifs que les précédens, grimpent avec beaucoup d'adresse sur les arbrisseaux, en s'aidant, comme nos pics, des plumes de leur queue; mais ils n'ont pour chant qu'un petit bourdonnement et un cri aigu et désagréable.

Le *petit beffroi* est une variété d'un oiseau plus grand, et remarquable par son chant, ou plutôt par le son particulier qui lui a valu son nom, et qui est, dit-on, semblable à celui d'une cloche sonnant l'alarme. C'est sur-tout le matin au lever du soleil, et le soir vers son coucher, qu'il fait entendre ce singulier tocsin pendant environ une heure. Les voyageurs assurent que le beffroi de la grande espèce, qui n'est cependant pas plus gros que notre merle, fait entendre le tintement de sa voix à plus d'une demi-lieue.

Les LORIOTS, que l'on voit à la suite des fourmiliers, rivalisent pour la belle couleur du plumage avec des espèces étrangères très-estimées. Ces oiseaux, qui n'ont rien de saillant dans leurs mœurs, ne passent que l'été en France, et sont répandus dans presque tous les pays chauds.

Nous nous dispenserons de citer tous les contes populaires qu'on a faits sur les loriots. Un seul suffira pour donner une idée des autres. Il y a des hommes qui ont cru, et d'autres qui ont publié que ces oiseaux naissent par parties séparées, et que les père et mère ont l'art de joindre ces parties par la vertu d'une herbe, pour en former l'oiseau vivant.

Les *loriots à tête noire* se trouvent ordinairement à la Chine; mais on en rencontre aussi ailleurs. Le *couliavan* est le loriot de Cochinchine.

Les CACIQUES nous ont été apportés de Cayenne et du Brésil; le *jaune*, qui est de ce dernier pays, a été nommé aussi *yapou*, et le rouge *jupuba;* les *huppés* viennent de Cayenne. On ne connaît pas bien les mœurs de ces oiseaux; mais on a remarqué la construction vraiment curieuse de leurs nids, et particulièrement de ceux des caciques rouges : ils les construisent avec des feuilles de plantes longues et étroites, comme celles de nos fromens, qu'ils unissent, soit avec des poils d'animaux, soit avec d'autres parties de végétaux qui ressemblent à des crins, et donnent toujours à ces nids la forme d'une gourde de pélerin d'environ dix-huit pouces de longueur (487 m.mèt.) : la partie supérieure étant presque entièrement massive, c'est par là que les caciques les suspendent à l'extrémité des branches des arbres. Ces oiseaux, qui font jusqu'à trois pontes par an, sont en si grand nombre dans certaines parties du Brésil, qu'on a compté jusqu'à quatre cents de ces nids suspendus au même arbre; et, comme ils sont bruns en dehors, on les prendrait à quelque distance pour des fruits desséchés.

Les TROUPIALES se trouvent dans les mêmes pays : ils ont les allures de nos pies, et à peu près le même cri. Ces oiseaux aiment d'ailleurs beaucoup la société de leurs pareils, et se réunissent par troupes, même dans le temps des amours; ce qui est assez rare : comme les caciques, ils construisent plusieurs nids sur le même arbre; mais ceux-ci sont plus alongés; ils les suspendent à l'extrémité des hautes branches, de manière qu'ils sont balancés par le vent le plus léger. Les mœurs douces de ces oiseaux annoncent leur docilité; aussi les naturels du pays apprivoisent-ils les espèces dont le plumage est le plus agréable. Quoique les troupiales, en général, se nourrissent d'insectes, on assure que quelquefois ils se réunissent pour donner la chasse à d'autres oiseaux, et qu'ils ont à cet égard les goûts des oiseaux de proie.

Les *commandeurs*, dont on voit trois jolis individus, sont les troupiales les plus connus en Europe, parce qu'on y en apporte de vivans, et qu'ils se trouvent non seulement comme les autres espèces, dans les régions méridionales de l'Amérique, mais aussi dans les contrées septentrionales : ils doivent leur nom à cette marque rouge bordée de jaune qu'ils ont sur l'aile, et que l'on a comparée à un ordre de chevalerie. Ces oiseaux font de grands ravages en Amérique dans les champs de froment et de maïs nouvellement ensemencés, parce qu'ils vont par troupes nombreuses, et se joignent même souvent à des bandes d'autres espèces aussi affamées.

Il n'est pas rare de voir en Europe des commandeurs à qui on a appris à chanter, et même à prononcer quelques mots, et qui courent dans la maison avec la familiarité que l'on remarque dans nos perroquets.

Les habitudes naturelles des CAROUGES sont peu connues : on sait qu'en général ces oiseaux suspendent leurs nids, comme la plupart des caciques et des troupiales, aux extrémités des branches des arbres, afin de les mettre à l'abri des attaques de certains quadrupèdes et des reptiles qui leur font la la guerre. L'on dit même qu'à la Martinique ils savent les coudre sous des feuilles de bananier qui leur servent d'abri : ces nids ont la forme d'une espèce de soucoupe; d'autres carouges, particulièrement ceux de Cayenne, leur donnent celle d'une petite bourse, et l'attachent par un fil extrêmement mince et solide qu'ils ont l'art de filer, et que l'on prendrait pour des crins réunis. Les *coiffes jaunes* nous viennent de la Guiane.

Le *baltimore* et le *baltimoroïde*, appelé aussi *baltimore bâtard*, doivent leurs noms à quelque ressemblance que l'on a cru appercevoir entre les couleurs du plumage de cet oiseau, ou même la manière dont elles sont disposées, et les armoiries d'un seigneur anglais (lord Baltimore).

Parmi les ÉTOURNEAUX, ceux de

l'espèce vulgaire que l'on trouve dans nos climats sont bien connus. Nous apprivoisons ces oiseaux sous le nom de *sansonnets*, nom qui sans doute s'est prononcé anciennement *chansonnets*, et qui peint la facilité avec laquelle ils apprennent à chanter, et même à répéter des phrases parlées assez longues.

Les étourneaux volent en grandes troupes, en formant des pelotons serrés, qui ont une espèce de mouvement du tourbillon, ce qui fait qu'on en prend souvent de grandes quantités à la fois. C'est sur-tout vers le soir que ces oiseaux se réunissent, peut-être pour se mettre à l'abri des attaques des oiseaux de proie nocturnes : ils se mêlent quelquefois avec des oiseaux de différentes espèces, ont le caractère très-social ; et ce n'est qu'à l'époque de choisir leurs compagnes que les mâles perdent cette urbanité ; alors ils se battent à outrance, et la femelle est ordinairement le prix du vainqueur. On prend ces oiseaux de plusieurs manières; la plus amusante est celle-ci: lorsqu'on voit passer une volée d'étourneaux, on lâche deux ou trois de ces oiseaux, à la patte de chacun desquels on attache un morceau de ficelle enduite de glu: ces derniers, en joignant la troupe, ne manquent pas de circuler au milieu d'elle; les plumes de plusieurs s'attachent aux ficelles, les empètrent; ils tirent alors chacun d'un côté, et viennent tomber avec ceux qu'on a lâchés, et qui ont été ainsi, sans le savoir, à la chasse de leurs semblables.

L'étourneau qui nous a été apporté des terres magellaniques par Bougainville a été appelé *blanche raie*: il est ici sous le simple nom de *magellanique*, les deux individus appelés *stourne* viennent de la Louisiane, où l'on croit que cette espèce est commune.

Il y a peu d'espèces de GROS-BECS en France: les nuances de leur plumage semblent n'indiquer que des variétés accidentelles.

Le gros-bec vulgaire passe ordinairement l'année entière en France, et ne quitte nos climats que lorsque l'hiver est très-rigoureux; alors même il s'absente pour peu de temps. Cet oiseau est triste, n'a qu'un ramage vague, et mange particulièrement les amandes de nos fruits dont il casse facilement les noyaux avec son bec vigoureux.

Le *gros-bec-croisé*, auquel on a donné le nom de *perroquet d'Allemagne*, sans doute à cause de la beauté de ses couleurs et de la courbure de son bec, est un oiseau des climats froids que l'on ne trouve en France que sur nos montagnes les plus élevées; il diffère peu par ses habitudes du gros bec-vulgaire.

Parmi les gros-becs étrangers, on remarque le *cardinal*, que l'on a aussi nommé *gros bec de Virginie*, ou *cardinal huppé*, et qui réunit le chant le plus agréable à l'éclat du plumage:

on a comparé son ramage à celui du rossignol, et l'on assure que ce joli oiseau est aussi facile à priver et à instruire que nos serins.

Le *rose-gorge* est un gros-bec de la Louisiane; les *grivelins* doivent leur nom aux mouchetures ou grivelures qu'ils ont sous la poitrine : ces oiseaux ont été apportés du Brésil.

Les *padda* nous viennent de la Chine, et se trouvent sans doute aussi dans quelques parties de l'Inde, puisque les voyageurs les appellent *moineaux indiens* et *moineaux de Java* : ils se nourrissent particulièrement de riz; et c'est même à cause des dégâts qu'ils font dans les rizières, que les Chincis les ont nommés *padda*, qui veut dire riz en épi.

Les BOUVREUILS d'Europe, peu remarqués dans nos champs, retiennent les airs qu'on leur apprend, et les rendent avec une voix expressive. Les femelles partagent toutes les qualités des mâles ; et même, ce qui est fort rare, elles apprennent à chanter et à parler aussi bien qu'eux. On cite une foule de traits qui prouvent que ces oiseaux, lorsqu'ils sont privés, donnent des preuves de la fidélité la plus touchante : quelques-uns, pressés peut-être par le besoin de s'apparier, se sont absentés une année entière, et, au bout de ce temps, reconnaissant la voix de leur ancien maître, ont accouru à son appel, pour ne plus le quitter ; d'autres n'ont pu survivre à la perte de la personne qui les avait élevés ; enfin, dans l'état de liberté, ils donnent des marques d'une bienveillance fraternelle dignes d'être remarquées. On assure que les premiers élevés d'une même couvée donnent la becquée aux plus faibles, et l'on a observé que les père et mère restaient unis tout l'hiver, après l'éducation des petits ; ce qui n'est pas ordinaire parmi les oiseaux : aussi les voit-on toujours voler deux à deux, soit dans la belle saison qu'ils passent ordinairement sur les montagnes et dans les bois frais, soit lorsqu'aux approches de l'hiver ils partent pour les climats plus chauds. La plupart cependant ne voyagent pas, sur-tout s'ils se trouvent dans un pays où ils puissent subsister. On voit donc que, si les bouvreuils diffèrent peu des gros-becs par la conformation extérieure, ils en diffèrent beaucoup par l'intelligence, et sur-tout par la mémoire, qui est si étonnante dans ces oiseaux, qu'on en a vu un tomber en convulsion dans sa cage à l'aspect des personnes qui étaient vêtues comme celle dont il avait éprouvé de mauvais traitemens.

Les autres sont étrangers à nos climats, et leurs mœurs sont peu connues.

Nous voici arrivés à un genre où se trouvent les oiseaux les plus connus et les plus communs de nos climats. Quelques naturalistes ont pris pour nom générique celui du pinson ; mais celui du MOINEAU, que l'on a adopté ici, me paraît préférable. C'est parmi ces oiseaux que se trouvent nos chardonnerets, nos linottes, nos pinsons et les serins ou canaris, que l'on peut considérer comme des oiseaux naturalisés en France. Nous allons parcourir rapidement ceux de ces oiseaux qui offrent quelques traits intéressans ou caractéristiques dans leurs mœurs, et nous passerons ensuite aux espèces étrangères qui offrent quelque particularité.

On a cherché à distinguer notre *moineau vulgaire* ou *domestique* par le surnom de *franc*, et l'on en voit ici des variétés qui diffèrent essentiellement dans les couleurs du plumage, puisque dans l'une il est presque *noir*, et qu'il est absolument *blanc* dans d'autres ; on en trouve aussi de jaunes, d'autres variés de brun et de blanc, semblables à quelques-uns de ceux qui n'ont point d'étiquettes.

Le *moineau franc* habite les villes, les villages et leurs environs, et l'on en trouve rarement dans les bois écartés : c'est un des voisins les plus incommodes pour les terres à blé. On sait qu'il niche ordinairement sous nos tuiles, dans les trous des murailles, et même qu'il s'empare du nid de quelques espèces d'hirondelles. Il y a des pays où l'on fait une chasse impitoyable aux moineaux, et où l'on paie même un prix par chacun de ceux que l'on tue, ou par chaque nid garni d'œufs que l'on détruit, tant on est convaincu des dégâts que ces oiseaux font aux moissons ! Ces dégâts sont tels, que l'on a calculé que vingt moineaux mangeaient annuellement environ 200 livres (98 kilog.) de grain ; cependant ils se nourrissent aussi de chenilles et d'autres insectes : ainsi, quand ils ne sont pas trop nombreux dans un canton, le bien et le mal se trouvent compensés.

Il paraît que c'est à leur grande familiarité, et sur-tout à l'habitude qu'ils ont de vivre isolément, qu'ils doivent le nom de moineaux, c'est-à-dire petits moines.

La *soulcie* est généralement connue sous le nom de *moineau des bois*, parce qu'en effet c'est dans les bois qu'on la trouve, et qu'elle niche dans des creux d'arbres.

On sait que les *chardonnerets* doivent leur nom au goût qu'ils ont pour les semences des chardons; ils sont avec raison considérés, par ceux qui aiment à élever ces petits animaux, comme les plus intéressans de nos climats, puisque ce sont les seuls qui joignent l'éclat et la variété du plumage au charme de la voix et à une docilité qui les rend propres non seulement à retenir des airs longs et difficiles, mais encore à imiter les gestes, les petits tours qui semblent réservés aux quadrupèdes les plus intelligens;

on en élève en effet à mettre le feu à de petits canons, à contrefaire le mort, à danser, etc.

Les *pinsons* doivent leur nom, suivant les uns, à la force de leur bec, avec lequel ils *pincent* jusqu'au sang; suivant d'autres, à un mot allemand qui exprime le chant naturel de cet oiseau, et dont on a fait son nom latin; mais ces discussions ne peuvent conduire à rien d'utile.

Les mœurs du pinson ressemblent, à beaucoup d'égards, à celles du moineau; seulement son voisinage est plus supportable, parce qu'il sait l'adoucir par son chant, qui est extrêmement varié, et qu'on a même noté, afin de pouvoir disserter sur ses diverses parties.

Il y a plusieurs variétés de pinsons; mais on ne connaît bien que les habitudes naturelles de l'espèce qui vit dans le voisinage de nos habitations : c'est la légéreté, la vivacité de celle-ci, qui ont donné lieu à la comparaison proverbiale, *gai comme un pinson.*

Les *linottes* sont aussi des oiseaux bien connus et célèbres, sur-tout par leur chant; elles s'apprivoisent comme les chardonnerets, et sont susceptibles du plus tendre attachement pour leurs maîtres. On sait que les *linots* apprennent facilement à siffler des airs; mais, pour les élever, il faut les instruire jeunes : les petits soins qu'exige leur éducation se trouvent dans tous les livres, et leur nom seul indique le goût qu'ils ont pour la graine de lin. Dans les campagnes on distingue la *lin tte grise* de la *rouge :* c'est cette dernière que l'on nomme aussi *linotte des vignes,* parce que c'est là qu'elle fait son nid. L'espèce appelée *cabaret* doit sans doute son nom à la couleur de lie de vin, que l'on remarque ordinairement sur sa poitrine : ces diverses espèces s'apprivoisent moins facilement que la linotte vulgaire.

A la tête des oiseaux étrangers de ce genre sont les *serins*, que l'on appelle encore *canaris* dans une partie de la France, parce que les premiers nous sont venus des îles Canaries : on en voit ici plusieurs, et entre autres un qui est né sans ailes ; on doit remarquer aussi un *serin du Cap de Bonne-Espérance*, dont la couleur du plumage est beaucoup moins belle que celle des autres. Ceux qui sont verdâtres se trouvent particulièrement dans le midi de la France.

On a fait de longs traités sur les serins, sur la manière de les élever, de les instruire, d'obtenir des métis en appariant des serins avec des chardonnerets, des linots, des pinsons, des bruants, et même des moineaux ; et l'on a donné des noms particuliers aux diverses variétés qui en proviennent. La plupart de ces détails sont trop connus ou trop peu intéressans, pour qu'on doive les rappeler ici.

L'*organiste de Saint-Domingue* est un oiseau assez rare dans cette île, et qui répète, à ce qu'on dit, tous les tons de l'octave en montant, et dans le même ordre que nous les parcourons : on assure que l'organiste est très-adroit pour se soustraire aux regards du chasseur, en tournant autour du tronc des arbres.

Les autres n'offrent rien de remarquable dans leurs habitudes, et sont assez bien caractérisés par les dénominations, qui indiquent des couleurs fixes ou leur pays natal.

Les BRUANTS, que l'on nomme aussi *verdiers* dans une partie de la France, y sont assez communs. Les plus grands, qui ont des couleurs sombres, et sont généralement tachetés de brun dessus, et d'un ton grisâtre en dessous, s'appellent *proyers*, et paraissent être ces mêmes oiseaux que les Romains appelaient *miliaires*, parce qu'ils les engraissaient avec du millet.

Les *ciris*, appelés aussi *papes*, à cause des couleurs du plumage et de l'ordre dans lequel elles sont placées, se trouvent à la Louisiane pendant la belle saison. A la Caroline, ces oiseaux nichent sur des orangers ; et il paraît qu'on pourrait, avec quelques soins, les acclimater en France, puisqu'on est parvenu à les faire nicher en Hollande.

L'*ortolan* (à l'armoire suivante) est le plus estimé des oiseaux de ce genre, par la facilité avec laquelle on l'engraisse, et la délicatesse de sa chair. Il y a des pays où, après avoir placé les ortolans dans des chambres sans cesse éclairées par la lumière des lampes, afin qu'ils ne puissent appercevoir aucune différence entre la nuit et le jour, l'on met à leur disposition une nourriture tellement abondante, qu'ils meurent de gras-fondure. si l'on ne se hâte de les tuer lorsqu'ils sont au point où on les desire.

Les *bruants de roseaux*, que l'on connaît mieux sous le nom d'*ortolans de roseaux*, arrivent en France vers le commencement du printemps, et partent en automne : cette espèce, qui habite particulièrement les lieux humides, est rusée, et non seulement échappe au chasseur, mais encore avertit le gibier par un petit cri assez semblable à celui du moineau.

Les *veuves* doivent leur nom, suivant quelques-uns, au noir qui domine dans leur plumage, et à leur longue queue, et, selon d'autres, à la ressemblance de leur nom, en langue portugaise, avec celui de la côte d'Afrique où l'on a apperçu pour la première fois ces oiseaux. Quoi qu'il en soit, leur caractère n'a rien qui caractérise la décence qu'exige l'état de veuve, car ils ont beaucoup de vivacité dans leurs mouvemens. On a fait cependant une observation assez piquante, et qui pourra passer dans l'esprit de quelques personnes comme une retenue digne du veuvage : on prétend que leurs nids, ordinairement construits avec du coton, ont toujours deux étages, et que le supérieur est habité par le mâle, tandis que la femelle couve au rez-de-chaussée. La *veuve à quatre brins*, qui est une des plus belles, peut s'acclimater chez nous, et l'on en a vu de vivantes à Paris.

Parmi les GRACULES, nous remarquerons l'espèce appelée *mainate;* elle vient des Indes orientales, où elle est célèbre à cause de son chant. On assure que non seulement cet oiseau apprend à siffler et à chanter avec beaucoup de facilité, mais encore qu'il prononce plus distinctement les mots que les perroquets.

Le *tilly*, que quelques naturalistes ont placé avec les merles, sous le nom de *grive cendrée de l'Amérique*, se nourrit particulièrement des fruits de l'arbre d'où découle la gomme élemi.

Le *gracule chauve* est celui qui est plus connu sous le nom de *merle chauve;* et c'est proprement là l'oiseau que l'on nomme gracule dans d'autres langues : il se trouve dans les pays chauds, où il se nourrit principalement d'insectes, qu'il semble préférer aux fruits.

Le genre des CORBEAUX renferme plusieurs espèces d'oiseaux connus en France, tels que les corneilles, les pies, les geais, que nous parcourrons rapidement, pour ne pas revenir sur leurs mœurs générales que nous avons fait connaître dans la Promenade de la ménagerie (page 125 du tome 1er), en parlant du *corbeau commun*, désigné ici sous le nom de corbeau *corax*.

Les naturalistes ne sont pas bien d'accord sur les noms qu'on a donnés en différens temps aux autres espèces de corbeaux : celle qui est nommée ici *coracias* est appelée communément *chocard*, ou *choucas des Alpes ;* c'est aussi le même oiseau que quelques-uns nomment le *crave* : ce corbeau habite les hautes montagnes, et particulièrement les Alpes ; et, quoiqu'il soit d'un naturel vif, on parvient cependant quelquefois à le priver. Cette espèce voyage à certaines époques ; et, comme elle se nourrit de grains, elle fait grand tort aux blés nouvellement semés : les habitans des campagnes disent que son vol, plus ou moins élevé, annonce si l'hiver sera plus ou moins rigoureux.

On a appelé aussi les *corbeaux chauves, choucas chauves* : on en trouve à Cayenne ; mais leurs mœurs ne sont pas encore connues.

Le *corbeau huppé*, nommé par d'autres *coracias huppé*, et aussi le *sonneur*, doit ce dernier nom à son cri, assez semblable au son triste des petites cloches plates que l'on suspend au cou des moutons qui paissent dans les montagnes. Ces oiseaux se nourrissent ordinairement d'insectes, nichent dans les vieilles tours, et particulièrement dans les gorges des rochers; ce qui leur a fait donner en allemand le nom de *corbeaux des gorges :* ils voyagent par troupes nombreuses, et il y a des pays où on les appelle *huppes de montagnes.* C'est, de tous les oiseaux de ce genre, celui que les montagnards recherchent le plus, parce que sa chair, du moins celle des jeunes, est assez bonne.

Les *corneilles,* qu'on peut considérer comme de petits corbeaux, et les *corbines,* appelées aussi *corneilles noires,* passent l'été dans les forêts, et détruisent au printemps les œufs de perdrix. Comme les corbeaux communs, elles mangent tout ce qu'elles trouvent, et se réunissent au commencement de l'hiver; c'est cette réunion qui forme quelquefois ces nuées qui obscurcissent l'air, et que l'on entend de très-loin, car ces oiseaux sont fort babillards. Les corbines apprennent à parler, et s'apprivoisent aussi bien que les corbeaux.

On prétend que, dans l'état de liberté, ce sont les oiseaux les plus constans, et que chaque mâle reste apparié toute sa vie avec la même femelle.

Les *corbeaux mantelés*, appelés aussi *corneilles mantelées*, à cause des taches blanches du plumage, ont à peu près les mœurs des corbines.

Parmi les oiseaux du même genre, nous remarquerons un *geai* tout blanc, qui n'est qu'une variété du *geai vulgaire*, dont le plumage a changé par l'influence du climat.

Les geais sont encore mieux connus que les corbeaux, parce qu'ils habitent nos bois, et qu'on en prend quelquefois pour les élever, à cause des belles couleurs de leur plumage; mais ces oiseaux sont si vifs, si pétulans, on pourrait même dire si violens, que leurs plumes sont bientôt déchirées par les barreaux des cages. Quoique le cri du geai soit fort désagréable, il parvient à l'adoucir en imitant celui de quelque oiseau, ou même de quelque autre animal. On parvient aussi à lui faire prononcer des phrases courtes; et, comme il retient assez distinctement le mot *richard*, on n'a pas manqué de trouver une analogie entre le goût qu'il a pour faire des amas de provisions et ce mot qui désigne un possesseur de grandes richesses. Son surnom latin annonce qu'il se nourrit principalement de gland.

La plupart des oiseaux ont des cris d'appels et des cris d'effroi : les geais ont ce dernier extrêmement expressif, et ils le poussent sur-tout lorsqu'ils apperçoivent un oiseau de proie ou quelque animal de rapine, tel que le renard. A ce cri perçant, qui retentit au loin, ils se réunissent comme pour se mettre en état de résister à l'ennemi commun.

Le *corbeau à bec rouge* est une espèce de geai : on en trouve particulièrement à la Chine.

Le *casse-noix* se rapproche aussi

beaucoup de ces oiseaux : leur nom indique leur goût dominant.

Les *pies* ont les habitudes naturelles des corbeaux ; comme ceux-ci, elles mangent à peu près tout ce qu'elles trouvent, et montent de même sur le dos des cochons et des moutons, pour attraper les insectes qui les tourmentent. Elles attaquent aussi les petits oiseaux ; et l'on a tiré parti de cette observation pour les dresser à la chasse. La réputation de voleuses, qu'ont les pies, est encore plus fortement établie parmi elles que dans les autres espèces de ce genre. Quant à leur bavardage, qui est passé en proverbe, on peut l'exercer sur un grand nombre de mots, et particulièrement sur les cris des animaux, qu'elles imitent avec beaucoup de facilité. Mais c'est sur-tout dans l'état de liberté que cet oiseau mérite de nous intéresser par son attachement pour ses petits, par les dangers auxquels il s'expose pour les garantir de l'attaque des oiseaux de proie, ainsi que par l'adresse qu'il met à soustraire ses œufs à la recherche des chasseurs.

On a placé à côté de la pie commune deux variétés de cette espèce : il n'est pas rare de trouver en France celle dont le plumage est absolument blanc ; et l'on a observé que les corbeaux, qui vivent, comme on sait, environ un siècle, blanchissent en vieillissant.

Les ROLLIERS ont quelque ressemblance, au premier aspect, avec les geais; mais ils diffèrent essentiellement de toutes les espèces de corbeaux par la forme du bec, qui leur a valu la dénomination vulgaire de *perroquets d'Avignon*. On les a appelés, avec aussi peu de raison, *geais de Strasbourg*, car ces oiseaux de passage sont rares dans les environs de cette ville ; d'autres enfin leur ont donné le nom de *pies de mer*, parce qu'on les a rencontrés sur les côtes au moment où ils se réunissaient pour la traverser et passer en Afrique ou dans l'île de Malte ; enfin ils doivent le nom de *pies des bouleaux* à l'habitude qu'ils ont de nicher de préférence sur ces arbres.

Ces oiseaux, que l'on ne trouve que dans les bois éloignés des habitations, se mêlent quelquefois aux troupes des corneilles : mais ils sont beaucoup plus sauvages que ces dernières, et ils ne se privent point.

On ne connaît pas les habitudes des espèces qui nous viennent du *Sénégal* et de *Mindanao* : ce sont ces dernières que quelques naturalistes ont nommées *cuits*, sans doute à cause de leur cri ou chant d'appel.

C'est sur-tout en examinant les autres oiseaux qui garnissent cette armoire que je me félicite de n'avoir point à décrire le plumage et les formes de ces animaux. Comment, en effet, donner une idée, même imparfaite, de la beauté, de la richesse des couleurs que la nature a prodiguées à la plupart des

OISEAUX DE PARADIS? C'est en vain que les artistes les plus distingués le tentent dans de magnifiques collections gravées et coloriées à grands frais. Ils rendent bien, et c'est déjà un très-grand mérite, l'oiseau vu de tel ou tel côté; mais comme ses couleurs varient avec la mobilité des reflets, chaque fois que le spectateur change de place, ces oiseaux, et ici je parle des plus beaux, semblent s'embellir par de nouvelles nuances; enfin on peut dire aussi qu'ils prennent de nouvelles formes en changeant de position, puisqu'ils ont une surabondance de plumes qui se déploie de plusieurs façons, et qui varie comme les nuances de leurs reflets.

Et qu'on ne croie pas que le nom de cet oiseau lui vienne uniquement de ce luxe dans les formes et dans les couleurs! Non; à en croire une foule d'anciens naturalistes qui ont mis leurs doutes peu raisonnables à la place des observations, les oiseaux de paradis vivent de la rosée, ne se posent presque jamais, dorment dans les airs, s'accouplent, pondent et couvent en volant.

Que les marchands indiens, qui tirent un grand prix de ces oiseaux, aient répété ces fables, rien de plus naturel; mais que des écrivains se soient plu à accréditer ces absurdités, voilà ce qui doit nous paraître extraordinaire.

Ce que l'on sait de certain sur ces beaux oiseaux, c'est qu'ils habitent particulièrement les parties de l'Asie où croissent les épiceries; qu'ils volent à une grande élévation; qu'ils se nourrissent de petits fruits et d'insectes; que les Indiens leur font la chasse dans les forêts où ils nichent, et les tuent avec des flèches légères; car on pense bien que les oiseaux de paradis sont sur-tout recherchés dans les pays où les plume ssont la principale parure des habitans, et il y a environ cent ans qu'elles servaient en Europe aux mêmes usages.

Le *magnifique* nous vient de la nouvelle Guinée, et a été nommé par quelques-uns le *manucode à bouquets*.

Le *superbe* a été aussi appelé *manucode noir*, et nous vient également de la nouvelle Guinée.

Ceux qui portent ici le nom de *manucodes* sont à la fois les plus beaux parmi les petites espèces, et les plus célèbres parmi ces oiseaux; c'est à eux que l'on a donné le titre de *rois des oiseaux de paradis*, et leur nom indien *manucodiata*, signifie *oiseau de Dieu*: aussi un ancien naturaliste, qui a quelque réputation, n'a-t-il pas manqué de rapporter, d'après le témoignage de plusieurs marins, que ces beaux oiseaux se partageaient la souveraineté des deux seules espèces d'*oiseaux de paradis* qui existent dans l'Inde; que là, chaque espèce obéit ponctuellement à son monarque, qui, ordinairement vole à la tête des habitans de son empire; qu'en planant ainsi au-dessus de ses sujets, il ordonne à quelques-uns d'aller en avant visiter et goûter l'eau des fontaines, et d'autres puérilités semblables.

Le *calybé* vient de la nouvelle Guinée. Le *sifilet* est aussi appelé *manucode à six filets*. La plupart des oiseaux de ce genre que l'on apporte en Europe manquent, non seulement de jambes, ainsi qu'on le voit par ceux qui sont montés sur des branches de fil de fer, mais souvent aussi de quelques plumes et même des ailes, parce que les marchands arrachent les parties qui, selon eux, les déparent, et que les Indiens font moins de façons que nous pour faire leurs aigrettes. Lorsqu'ils prennent un oiseau dont le plumage leur plaît, ils se contentent ordinairement de l'enfiler dans une baguette qui sort par le bec, et excède de deux ou trois pouces la longueur du corps;

cette opération le déforme tellement, en lui alongeant le cou, que les personnes qui préparent ensuite un de ces oiseaux pour les collections d'histoire naturelle ne peuvent plus lui rendre son ancienne forme. Nous faisons cette observation afin qu'on ne soit pas trompé sur les formes de ceux qui n'ont pas toutes leurs parties, et qu'on a placés ici à cause de leur beau plumage.

Mais reposons nos yeux éblouis de l'éclat des oiseaux de paradis, et remettons à une autre promenade la visite d'oiseaux non moins brillans, et celle de ces nombreuses tribus d'êtres utiles qui peuplent nos basses-cours, nos colombiers, nos étangs et nos rivières, et font à la fois la richesse et l'ornement de nos campagnes.

VIIe PROMENADE.

Continuation de la Visite des oiseaux : 1° De la suite de la tribu des passereaux. 2° Des précieuses familles des gallinacés. 3° Des oiseaux d'eau ou nageurs. 4° De la tribu des oiseaux de rivage. 5° Et de celle des oiseaux coureurs.

Nous avons terminé notre VIe Promenade par la visite des oiseaux de paradis. Nous allons reprendre dans celle-ci la suite des passereaux.[1] Trop d'objets appellent notre attention, pour nous livrer à des digressions qui n'auraient pas pour but de faire connaître les mœurs des oiseaux offerts à nos regards, et parmi lesquels nos verrons encore plusieurs familles renommées par la beauté de leur plumage, et la tribu la

---

[1] Cette Promenade commence à la treizième armoire de cette collection, placée à peu près en face de la classe des arachnides.

plus nombreuse en espèces utiles à l'homme.

Il paraît qu'on ne connaît guère en France qu'une espèce de SITELLE, laquelle a reçu un grand nombre de noms vulgaires, dont le plus connu, sur-tout dans les départemens méridionaux, est celui de *torche-pot*.

Ses goûts l'ont aussi fait nommer *casse-noix casse-noisettes*, et ses habitudes, assez semblables à celles de nos pics, *grimpard*, *grimpereau*, *pic cendré pic bleu*, *picotelle pic de mai*, *tape-bois*, et même *hoche-queue*, à cause du mouvement perpétuel de sa queue, auxquels il faut ajouter celui de *pic-maçon*, qui peint l'industrie que la sitelle met dans la construction de son nid, en le plaçant dans le tronc des arbres de manière qu'il est très-difficile d'en appercevoir l'entrée. C'est là que la femelle meurt sur ses œufs ou sur ses petits, si quelque oiseleur ou plutôt quelque enfant, (cet âge est sans pitié, a dit La Fontaine) tente de l'en arracher.

Le PIC-BŒUF habite l'Afrique, et doit son nom à l'habitude qu'il a de se percher sur le dos des bœufs pour manger les vers ou les larves d'insectes qui s'introduisent sous sa peau.

Les MÉSANGES sont des oiseaux vifs, légers, vigoureux pour leur petite taille, et extrêmement courageux; malheureusement ils joignent à ces qualités une voracité qui les ternit toutes. Cest au cri rauque du mâle qu'il faut attribuer le surnom de *serrurier*, qu'il ne mérite pas dans la saison des amours, époque où il fait entendre un chant fort agréable.

La *moustache*, appelée aussi la *barbue*, est peu connue : on cite le mâle comme un modèle d'attention envers sa femelle.

Les mésanges *à longue queue* ont été nommées par les uns *mésanges des roseaux*, et par d'autres *mésanges des neiges* : cette diversité de noms prouve qu'elles ne sont généralement que de simples passagers dans nos climats.

La *mésange à cravate* ou *à collier* se trouve à la Caroline.

Tout le monde connaît les ALOUETTES, et sur-tout l'espèce appelée *mauviette* ; la *coquillade* est moins connue des Parisiens, parce qu'elle ne passe ordinairement que dans nos départemens méridionnaux ; l'*alouette pipi*, surnom qui indique son petit cri d'appel, passe rapidement dans les pays froids ; la *farlouse* est appelée aussi *alouette des prés*, parce que c'est là qu'elle niche ; c'est celle dont le ramage est le plus agréable.

Le genre des BEC-FINS, extrêmement nombreux en variétés, nous offrira notre plus célèbre chanteur.

La *fauvette* est digne aussi de nous intéresser ; son chant gai, varié, nous annonce le printemps, et il ne manque à cet oiseau que l'éclat du plumage, car d'ailleurs il a tout, grace, gaieté, et surtout fidélité en ménage ; fidélité bien avérée, quoique les poètes l'aient quelquefois fait servir d'emblême aux volages amours.

C'est principalement la *silvia*, plus connue sous les noms de *grisette* ou *fauvette grise*, qui mérite le nom de bec-fin : c'est la même que l'on nomme *passerine* dans les environs de Marseille où elle se nourrit de figues et d'olives.

Le mâle de la *fauvette noire* est un fort joli chanteur, et un tendre époux, puisqu'il couve alternativement avec sa femelle. La *petite fauvette rousse* n'a de remarquable que sa petitesse ; et la *babillarde* que sa gaieté folle et son babil : c'est celle que nous entendons le plus habituellement dans nos jardins ; elle se prive beaucoup mieux que la *fauvette des roseaux*, appelée assez improprement *rossignol des osiers* ou *des saules*.

Le *tarier* est sauvage, n'aime que la solitude, et n'habite que les montagnes; les gourmands en font grand cas lorsqu'il est gras.

Les *roitelets*, qui sont nos plus petits oiseaux, animent nos bocages par leur petit chant bref et leur vivacité, mais les *figuiers*, dont le goût est assez indiqué par leur nom, ne se voient guère que dans les contrées méridionales.

S'il se trouve dans la compagnie un seul chasseur ou un friand, il indiquera les *ouge-gorge*. J'aime mieux attirer l'attention sur une espèce dont le mérite est moins *solide*, sans doute, mais dont la réputation vaut bien celle de ces oiseaux.

Le *rossignol*, si justement célèbre dans nos vergers, dans nos campagnes, joue ici un bien petit rôle; cependant je suis persuadé que les habitans du cap de Bonne-Espérance, du Brésil ou de la Guiane, si riches en espèces brillantes, en changeraient volontiers quelques-unes contre notre chanteur au modeste vêtement.

Il faut avoir habité les champs pour sentir quel charme, quelle vie l'arrivée de cet oiseau porte avec lui. Son ramage, bien préférable au chant étudié de nos élèves de serinette, inspire la gaieté et semble célébrer le retour des beaux jours. Il faut dire aussi que ce qui ajoute à l'agrément de ce chant, c'est qu'il se fait entendre à une époque de la journée où l'ame est disposée aux sensations douces, aux affections tendres, aux plaisirs purs de la nature; c'est ordinairement vers la fin du jour, après le coucher du soleil, que le rossignol chante, non pas pour divertir sa compagne, comme on l'a souvent écrit, mais pour le plaisir de chanter, et la gloire d'effacer tous ses rivaux: c'est à Buffon seul qu'il appartient de peindre, par la parole, les nuances du plumage que le pinceau ne pourrait rendre ; c'est à lui seul aussi qu'il appartient de peindre la variété admirable du ramage du rossignol. Quelques personnes ont en vain cherché à noter ce chant ; quelques autres ont, après beaucoup d'études, non pas copié ces modulations fugitives et toujours nouvelles, mais du moins tâché d'imiter le chant à la fois brillant et expressif du rossignol, et elles ont mieux réussi ; mais, il faut l'avouer, les notes ne nous donnent que le thême d'un air, c'est l'ame du chanteur qui en rend la véritable intention. C'est moins la voix brillante du rossignol, que l'expression de son chant, qui lui assigne la première place parmi les chanteurs de nos bocages.

Ce n'est pas seulement en Europe qu'on admire le chant de cet oiseau ; au Japon, ceux qui ont une belle voix s'y vendent plus de deux mille francs de notre monnaie. Les rossignols blancs, qui ne sont pas plus rares que les merles et les geais blancs que nous avons vus, avaient cependant une grande valeur à Rome, sans doute, parce qu'au mérite de la rareté, ils joignaient la voix naturelle à toute l'espèce ; l'on rapporte que du temps de l'empereur Claude, on donna à sa femme Agrippine un rossignol blanc qui avait coûté plus de cinquante mille francs de notre monnaie.

Les MOTACILLES, sont ces oiseaux connus dans les campagnes, sous la dénomination générale de *hoche-queue*, laquelle convient aussi à des espèces d'un autre genre qui balancent également la queue de bas en haut.

Parmi les motacilles de nos climats, nous remarquerons les *lavandières* et les *bergeronnettes*. Les premières se tiennent, pendant la belle saison, dans le voisinage des ruisseaux, des rivières, tandis que les bergeronnettes fréquentent de préférence les prairies et les terres labourées : les unes doivent leur nom au séjour qu'elles font auprès des blanchisseuses qui lavent au bord des ruisseaux, de même que les autres le doivent à l'habitude qu'elles ont de suivre les bergers et leurs troupeaux.

Les *motteux* sont connus dans les campagnes, sur-tout par les chasseurs, sous le nom de *culs-blancs*, parce qu'en déployant leurs ailes et rasant la terre ils découvrent à leurs yeux le plumage blanc qui couvre le derrière de leur corps. Quant au nom de motteux, il leur vient sans doute de l'habitude qu'ils ont de suivre les laboureurs en volant de motte en motte, sans presque s'élever de terre, et de placer leurs nids sous des mottes et des pierres; aussi ajoute-t-on à ce nom dans quelques-uns de nos départemens d'autres dénominations vulgaires, telles que *terrasson*, *brise-motte*, *tourne-motte*.

Le *fraquet* ou *friquet*, que l'on a quelquefois désigné sous les noms de *moineau de montagne*, ou *à collier*, est le même que les Italiens nomment *moineau fou*, à cause de sa vivacité, assez bien exprimée par son surnom de friquet ou fraquet.

La plupart des espèces d'HIRONDELLES sont bien connues par cette douce familiarité qui engage quelques espèces à venir loger jusque dans l'intérieur de nos maisons de campagne.

Je ne rapporterai point ici tout ce que des hommes, d'ailleurs de bon sens, ont raconté sur les hirondelles. A en croire certains naturalistes, ces oiseaux, que nous ne voyons dans nos climats que pendant la belle saison, ne nous quittent pas tous pour traverser les mers: la plupart s'enfoncent dans les lacs, les étangs, les marais, en se pelotonnant plusieurs ensemble, et restent ainsi engourdis jusqu'au retour du printemps. On sent bien qu'ils ont appuyé cette assertion sur des faits qui en ont long-temps imposé à la multitude, et même au commun des observateurs.

Mais sans nous donner la peine de rapporter tout ce que les modernes ont dit et fait pour détruire une erreur qui est en opposition si directe avec ce qu'on sait de l'organisation de ces animaux, nous dirons seulement qu'il résulte, des expériences faites, que les hirondelles ne peuvent exister dans l'eau, et qu'elles y périssent au bout de quelque temps.

Tout le monde connaît la forme des nids de ces oiseaux : ils auraient pu fournir les premières idées des bâtimens en terre mêlée de paille, qui sont très-communs dans quelques pays.

Les habitans des campagnes disent que, lorsque les hirondelles volent bas, c'est signe de pluie : cela est assez exact, parce qu'alors les insectes, dont elles se nourrissent, volent près du sol, ou même quittent le sein de la terre pour venir à sa surface. On a dit aussi que ces oiseaux portaient bonheur aux maisons qu'ils habitaient; il fallait plutôt dire que, le bruit les mettant en fuite, ils n'établissaient leur demeure qu'au sein des ménages paisibles : ainsi on a pris la cause pour l'effet. Cette erreur est bien plus pardonnable que le jeu cruel que quelques personnes se font de tirer les hirondelles au vol, pour s'exercer à la chasse : du moins si ce n'est que dans le voisinage de leurs maisons, ces chasseurs impitoyables en sont punis par les insectes qui viennent assaillir eux et leurs grains, et dont le nombre est toujours relatif à celui des oiseaux insectivores, parce que ceux-ci ne s'établissent que dans les lieux où ils trouvent de quoi vivre.

Les *martinets* volent mieux et sont plus sauvages que les autres espèces d'hirondelles : ils nichent dans des trous de murailles, sous les arches des ponts, quelquefois dans des trous d'arbres, et, plus souvent, dans les ornemens en pierre des tours élevées et des clochers gothiques; et, comme ils forment leurs nids de tout ce qu'ils trouvent, l'on se sert de l'habitude qu'ils ont de saisir en volant les brins d'herbe et les plumes, pour les chasser au vol, de la même manière que l'on prend certains poissons dans l'eau, c'est-à-dire, qu'on les *chasse à la ligne*, en attachant à l'hameçon une plume que l'on fait voltiger dans les airs.

J'ai déjà fait observer que les oiseaux à plumage blanc étaient en général des variétés et non des espèces particulières : cette observation s'applique à l'hirondelle blanche que l'on voit ici.

Avant de terminer, je dois faire remarquer une petite hirondelle, placée au-dessus de son nid, de substance blanche et transparente, et collé à un fragment de rocher. Ces nids se trouvent dans les cavernes, dans les creux des rochers sur les bords de la mer, principalement dans l'Archipel des Indes ; et il paraît qu'ils sont faits avec du frai de poisson, que ces petites hirondelles, appelées *salanganes* dans le pays, recueillent à la surface de la mer.

Les Chinois font le plus grand cas de ces nids; ils les regardent comme un mets extrêmement nourrissant et comme ayant de grandes vertus. Ils les mangent de diverses manières, et les mêlent quelquefois aux viandes. Il n'est donc pas étonnant que les Cochinchinois aillent, vers le milieu de l'été, à leur recherche, puisqu'ils sont certains d'en tirer un très-bon parti. Mais, ce qui ne surprendra pas moins, c'est qu'on apporte tous les ans à Batavia, pour être exportés à la Chine, plus de trois millions de ces nids; ce qui annonce que cette espèce est extrêmement nombreuse.

En regardant avec attention les vilains oiseaux placés au-dessous des hirondelles, on s'appercevra qu'ils ont quelques traits de ressemblance avec ces dernières, sur-tout dans la forme de la tête, également aplatie, et la largeur du gosier, qui n'est nullement en proportion avec leur petit bec : ce qui annonce que les ENGOULEVENTS ont à-peu-près les mêmes goûts ; mais, comme ils n'y voient pas bien au grand jour, et qu'ils ne sortent que le matin de bonne heure et le soir après le coucher du soleil, ou lorsque le temps est couvert, ils se nourrissent principalement d'insectes de nuit. Cet oiseau est connu dans différens départemens sous le nom d'*hirondelle à queue carrée* ; dans d'autres, sous celui de *tète-chèvre* : dénomination absurde, donnée par l'ignorante crédulité, qui saisit toujours de préférence les récits extraordinaires, et cherche à les perpétuer. On a également attribué au crapaud le goût de teter les chèvres ; et il n'est pas étonnant que cette prétendue conformité, et sur-tout la forme de la tête et la couleur du plumage de l'engoulevent, lui aient fait donner le nom, plus généralement connu dans les campagnes, de *crapaud volant*.

Enfin, on l'appelle aussi *corbeau de nuit, grand merle*, et sur-tout *chauche-branche*, à cause de l'habitude particulière qu'il a, lorsqu'il se perche sur un arbre, de se placer, non en travers, mais dans le sens de la longueur même de la branche.

Il n'y a en France qu'une espèce d'*engoulevent*, qui est l'une des plus petites de cette collection.

Ces oiseaux, qui ne sont que de simples passagers dans nos climats, doivent sans doute à leur cri naturel, qui est un son plaintif, assez semblable à celui de l'effraie, la réputation d'oiseaux de mauvais augure, qu'ils ont dans quelques cantons.

Reposons notre vue sur ces HUPPES, auxquelles on a joint ces beaux oiseaux d'Afrique appelés *promerops*.

Les huppes sont aussi pour nous de

simples passagères. Mais qui croirait que des oiseaux, dont les couleurs sont si douces et les formes si gracieuses, inspirent dans nos campagnes un dégoût bien juste à beaucoup d'égards ? Il n'est pas rare d'entendre les cultivateurs comparer quelque chose de sale à une huppe, parce que ces oiseaux, qui font assez généralement leurs nids dans des trous d'arbres assez profonds, sont logés là d'une manière dégoûtante, leurs petits couchés dans leur fiente. . . .

Cependant, avec du soin, on parvient à apprivoiser des huppes, et alors elles sont fort propres et susceptibles du plus grand attachement pour leurs maîtres.

On ne connaît pas aussi bien les habitudes des promerops : sans doute les habitans de la Nouvelle-Guinée font des ornemens de fête avec les belles plumes de ceux qu'on a désignés par leurs *paremens frisés*.

L'armoire suivante renferme une

ſoule d'oiseaux brillans ou curieux. Modérons un peu notre desir; et, pour suivre l'ordre méthodique, commençons par les GRIMPEREAUX.[1]

Il y a deux espèces ou variétés de grimpereaux fort communes en France: ce sont ces oiseaux dont le plumage est peu remarquable, et dont la taille se rapproche de celle de nos roitelets.

Les *grimpereaux communs* nichent

---

[1] C'est peut-être ici que les amateurs accuseront nos méthodes qui, n'ayant pas toujours pu se conformer à la marche de la nature, ont l'air de la contrarier un peu: je m'attends bien que l'on sera surpris de voir le grimpereau, l'un de nos meilleurs grimpeurs, exclu de cette dernière tribu, pour prendre place dans celle des passereaux, quoiqu'il ne quitte pas le pays qui le voit naître. On aura pu faire cette même remarque à l'égard du roitelet, de la sitelle, qui sont aussi d'adroits grimpeurs; mais telles sont les contradictions inévitables de toutes les méthodes: les meilleures sont celles qui offrent le moins d'exceptions de ce genre.

dans des trous d'arbres ; ceux de *murailles* nichent dans les trous des murs : les uns et les autres vivent d'insectes. Les derniers grimpent contre les rochers taillés à pic, avec la même facilité que les premiers courent sur les troncs des arbres : ils sont également vifs, remuans, et, quoique solitaires, ils paraissent ſort gais.

Les beaux grimpereaux qui nous ont été apportés des pays chauds, ne sont pas tous aussi agiles : plusieurs même grimpent difficilement. Au Brésil, on les nomme *guits-guits*, ce qui indique leur petit ramage. La plupart de ceux d'Afrique, dont le plumage est très-brillant, se nomment, à Madagascar, *soui-mangas* ou *sucriers* : celui du *Cap de Bonne-Espérance*, dont le bec est long et arqué, est de cette espèce. Les oiseleurs du Cap en nourrissent beaucoup de semblables.

L'*angala-dian*, dont la beauté efface le vêtement modeste de nos grimpereaux d'Europe, est loin de jouir d'un sort aussi heureux ; car, tandis que le père et la mère sont mollement couchés dans le lit qu'ils ont fait avec le duvet des plantes, souvent une de ces énormes araignées, que nous avons vues dans la 5me Promenade (l'aviculaire, page 69) les chasse de leur nid et suce le sang des petits.

Les deux genres suivans offrent des oiseaux d'Amérique, célèbres par leurs couleurs et les mobiles reflets de leur plumage, qui leur ont fait donner les noms des pierres précieuses et des métaux les plus brillans. Nous réunissons ici ces deux genres pour la description de leurs mœurs et de leurs habitudes, qui sont absolument les mêmes ; mais on a dû les distinguer ; car il est facile de remarquer que les COLIBRIS ont tous le bec arqué, ce qui les a fait quelquefois confondre avec les grimpereaux sucriers : tandis que les OISEAUX-MOUCHES ont le bec droit et seulement un peu renflé au bout. On voit d'ailleurs que ces derniers sont généralement plus petits ; et c'est à la petitesse extrême de quelques espèces que ces oiseaux doivent leur nom.

L'on sait que plusieurs espèces d'insectes, et particulièrement celles que nous nommons mouches-à-miel, composent cette substance, qui forme leur nourriture, avec le suc qu'elles sucent au fond des fleurs : c'est aussi ce suc, ce nectar, qui est la nourriture habituelle des colibris, des oiseaux-mouches. Ils le sucent au moyen de leur langue, espèce de tube, qu'ils alongent et raccourcissent à volonté ; et, comme ils voltigent quelquefois en grand nombre autour de la même fleur, on peut se faire une idée du spectacle que présente cette réunion de couleurs, dont la mobilité centuple l'éclat.

C'est avec les petites plumes de ces êtres intéressans que l'on fait en France ces petits oiseaux artificiels, que l'on place dans des bagues et d'autres petits tableaux.

Les mœurs des CALAOS sont peu connues, parce que ces oiseaux, ne se trouvant qu'en Afrique et aux Indes, n'ont pu être étudiés avec attention par des voyageurs qui ne sont que de simples passagers dans les contrées éloignées qu'ils habitent. Il paraît, au surplus, que la plupart des espèces ont un caractère stupide, qui leur vient, sans doute, de l'embarras que leur cause ce bec énorme; car, loin d'être une arme dangereuse, il est si mince, que le moindre effort en brise les bords : aussi dit-on que les calaos lancent en l'air les objets un peu considérables qu'ils veulent avaler, et les reçoivent adroitement dans leur gosier en ouvrant le bec; ce que les toucans font aussi dans les mêmes circonstances.

Le *calao de Malabar*, qui a vécu à Paris pendant l'été de 1777, mangeait de la chair crue, des rats, des oiseaux et différentes plantes potagères. Cet oiseau avait, au surplus, la démarche et quelques-unes des habitudes de nos pies et corbeaux : ce qui a engagé les voyageurs à le nommer *pie cornue d'Ethiopie*, *corbeau indien* ou *cornu*, etc.

Les *calaos rhinocéros*, dont on a placé quelques becs au fond de l'armoire, vivent particulièrement de charognes; aussi les voit-on souvent à la suite des chasseurs; parce que, ceux-ci éventrant les vaches sauvages et les sangliers sur la place, ces oiseaux mangent les intestins et autres parties que les chasseurs dédaignent. Cette espèce prend très-adroitement les rats et les souris, ce qui fait que les Indiens l'élèvent dans leurs maisons, et la destinent aux mêmes usages pour lesquels nous avons des chats dans les nôtres.

Les MOMOTS se nomment *houtous* à la Guiane, nom qui leur vient du cri bref qu'ils font entendre en sautant. Ces oiseaux étant sauvages et aimant la solitude, on les élève difficilement en cage, à moins qu'on ne les prenne très-jeunes.

Les ALCYONS sont bien connus sous la désignation vulgaire de *martins-pêcheurs ;* mais c'est sur-tout sous le premier nom qu'ils ont joui chez les anciens d'une grande célébrité. A entendre les historiens de la nature, l'alcyon avait la faculté de changer de plumage après sa mort, d'éloigner les orages, d'augmenter les trésors que l'avarice enfouissait, de conserver ou de rétablir la paix dans les maisons, de rendre les pêches abondantes, en attirant le poisson par un charme invincible ; et, ce qui aurait suffi pour lui faire la plus brillante réputation, il conservait la beauté et les graces aux personnes qui portaient ces oiseaux sur elles.

Il est inutile d'observer maintenant que l'alcyon ne place point son nid sur les flots ; car les habitans des côtes savent bien qu'il l'établit dans des trous sur les rivages : c'est là qu'il demeure, même pendant les gelées. Il pêche dans tous les temps; et sa manière de saisir le poisson, dont il se nourrit, ressemble assez à celle que les milans emploient à l'égard de leur proie, c'est-à-dire, que le martin-pêcheur fond à plomb sur les petits poissons avec une grande rapidité.

On doit remarquer que les alcyons étrangers à nos rivages ont des couleurs moins douces, moins agréables que nos martins-pêcheurs.

On pense assez généralement que les habitudes des TODIERS se rapprochent beaucoup de celles des précédens; seulement quelques-uns se nourrissent d'insectes.

Sans doute on remarquera, parmi les diverses espèces du genre des MANAKINS, de beaux oiseaux à peu près de la grosseur de nos pigeons, et dont les mâles ont le plumage d'une belle couleur aurore : ce sont des *coqs de roche*.

La femelle, qui est à côté, a, comme dans la plupart des espèces, des couleurs ternes.

Les coqs de roche ont été pris par quelques auteurs pour des oiseaux de nuit, parce qu'ils se tiennent habituellement dans les cavernes et les lieux sombres, fuient toute espèce de société, et construisent leurs nids grossiers dans des trous de rochers. Ils ne sont communs que dans quelques parties de l'Amérique; mais on en attrappe fort peu, parce qu'ils se laissent difficilement approcher, et que, d'ailleurs, les sauvages ont une sorte de crainte superstitieuse, qui les empêche de pénétrer dans les cavernes où ces oiseaux font leur séjour habituel. Il paraît, au surplus, qu'ils vivent de fruits et de grains, et, qu'une fois pris, on peut les apprivoiser: on en a même habitué, dans les contrées chaudes, à vivre avec les poules; et c'est parce qu'ils prennent quelques-unes de leurs habitudes qu'on a cru pouvoir leur donner le nom vulgaire de coqs de roche.

La plupart des autres manakins nous ont été apportés de la Guiane, où ils se trouvent dans les bois épais.

Les GUÊPIERS doivent leur nom au goût qu'ils ont pour les guêpes et autres insectes, qu'ils saisissent en volant, comme font les hirondelles, avec lesquelles ils ont quelques ressemblance. Leurs couleurs, et quelques-unes de leurs habitudes les rapprochent aussi des martins-pécheurs; comme eux, ils nichent dans des trous, qu'ils se creusent sur les rives sablonneuses des rivières ou sur la pente des coteaux qui les avoisinent.

Les *guêpiers ordinaires* se voient quelquefois dans nos départemens méridionaux; mais ils ne font que passer dans les contrées septentrionales.

Quelques naturalistes ont prétendu que les guêpiers volaient à rebours: c'est une erreur. Les anciens, qui embellissaient leurs observations de tout le charme qui pouvait les rendre attachantes, ont dit que les guêpiers donnaient, plus qu'aucun autre oiseau, des preuves de tendresse filiale. Nous voudrions bien trouver, chez la plupart des animaux, des exemples si nécessaires aux hommes; mais, avant tout, nous sommes historiens naturalistes, et nous devons avouer que cette réputation des guêpiers n'est fondée sur aucun fait positif.

Nous voici arrivés à la tribu la plus nombreuse en espèces utiles pour nos climats, aux GALLINACÉS, dont le nom rappelle l'oiseau le plus précieux qu'il y ait en France, la poule, appelée *gallina* en latin.

Ces oiseaux, qui sont généralement pesans, et dont le vol est très-borné, ont été, pour la plupart, réduits à l'état de domesticité et peuplent nos basses-cours : ils se divisent en familles, qui ont des caractères très-marqués;

et tout le monde a été à portée d'observer que, dans la plus grande partie de ces espèces, le mâle a plusieurs femelles.

Les PIGEONS présentent plus de cent variétés, qui ont reçu des noms dépendans, soit des pays où ces races ont d'abord paru, soit de quelques habitudes, soit des couleurs du plumage. Ces variétés, comme on le pense bien, proviennent du mélange des races principales. Quant aux espèces, la plupart des naturalistes les bornent à deux : celle des *bisets* et celle des *ramiers*, auxquelles ils ajoutent celle des *tourterelles*, qui peut être considérée séparément, parce qu'elle s'unit fort rarement avec les deux autres, et que les individus qui résultent de cette union paraissent peu propres à perpétuer leurs races.

On peut aussi considérer comme une espèce bien distincte le *pigeon couronné;* mais je pense que personne ne peut affirmer jusqu'à quel degré les autres pigeons d'Europe, ou ceux qui nous viennent des différentes parties du monde, doivent être séparés ou rapprochés de nos bisets et de nos ramiers, et s'ils sont des espèces particulières, ou seulement des variétés de ces deux espèces, qui ont dû éprouver de grands changemens, par le mélange successif des races, l'influence du climat, le genre de nourriture, etc.

J'ai insisté sur ces remarques, afin d'habituer les personnes qui aiment les sciences naturelles à ne pas séparer sans réflexion des individus qui semblent dès l'abord étrangers les uns aux autres, et qui se tiennent souvent de plus près qu'on ne pense.

L'on est convenu, assez généralement en France, d'appeler bisets toutes les races de pigeons élevées dans les grands colombiers, en y joignant différens surnoms, et *pigeons domestiques*, ceux qu'on élève dans de petits colombiers ou dans des volières, et qui ne vont point chercher leur nourriture dans les campagnes.

On n'a placé dans ces armoires que les races les plus curieuses, et principalement celles qui nous viennent des contrées éloignées.

Je dirai peu de chose des habitudes des pigeons, parce qu'elles sont assez connues, puisqu'on en élève en grand nombre même dans les villes.

Le biset ou pigeon sauvage a des couleurs moins vives, moins prononnoncées, ou, si l'on veut, plus *bises* que dans l'état domestique, et c'est de là que lui vient son nom. Cet oiseau, qui ne passe que la belle saison dans la plupart de nos départemens, établit son nid dans des trous d'arbres.

Les ramiers ne restent pas non plus, pour l'ordinaire, toute l'année en France : ils établissent leur domicile au sommet des arbres, et l'on en trouve, dans quelques contrées, qui, prévoyant sans doute un hiver peu rigoureux, ne quittent point les environs des lieux où ils se sont accouplés. On appelle communément *pigeons fuyards* les pigeons de colombiers qui ont abandonné ces habitations pour retourner à l'état sauvage, et qui quelquefois voyagent avec les bisets. Ainsi, le *pigeon sauvage* ou *pigeon œnas* de Ténériffe, n'est autre chose qu'un biset, ou bien un pigeon né en domesticité, et qui a quitté son colombier pour la vie sauvage.

Les ramiers arrivent par troupes au commencement du printemps, et font souvent de grands dégâts dans les blés. Les bisets arrivent quelques jours plus tard, et en repartent avant les ramiers : ceux-ci sont l'objet d'une chasse très-productive dans quelques parties de la France, où on les connaît sous le nom vulgaire de *palombes*. J'ai vu, dans les Pyrénées, des *palombières* célèbres, par la grande quantité de ramiers que l'on prend au moment où ils quittent nos climats pour aller dans des contrées plus méridionales. Ces palombières sont de belles allées de hêtres entre lesquels on tend d'immenses filets, que l'on abat au moment où les ramiers, effrayés par le simulacre d'un oiseau de proie lancé du haut d'une échelle, veulent se mettre à l'abri dans l'épaisseur des arbres.

On a beaucoup écrit sur la douceur du caractère des pigeons, sur leur tendresse, leur constance, en considérant leur roucoulement comme l'expression touchante de tous ces sentimens. J'ai étudié avec quelque attention les pigeons des grands colombiers, et ceux qu'on nomme vulgairement domestiques, et je me suis convaincu qu'en général ces oiseaux sont jaloux, hargneux, méchans, colères, et que ce roucoulement est aussi souvent le langage de la haine que l'expression de la tendresse : je les ai vus se battre avec acharnement à coups d'ailes, de manière à se renverser, à se blesser : j'ai remarqué sur-tout qu'il existait entre ces oiseaux des haines vigoureuses, qui éclataient à chaque rencontre ; et, en ne considérant cette haine que comme l'effet de la jalousie, on peut dire que cette dernière passion est si forte dans les pigeons, qu'elle ternit toutes les belles qualités dont on les a trop légèrement gratifiés. C'est donc aux graces naturelles de cet oiseau que j'attribue cette erreur des naturalistes : ils auront cru, ce que l'on est raisonnablement porté à penser, que la bonté doit être l'apanage des graces. Au surplus, les tourterelles, que j'ai moins observées, paraissent mieux mériter cette réputation de tendresse, de constance, dont elles sont les emblêmes.

Parmi tous les pigeons apportés des contrées éloignées, on distingue les deux *pigeons couronnés :* ces oiseaux, que des naturalistes ont mal-à-propos nommés faisans, ont tous les mouvemens et les habitudes de nos pigeons : on en a apporté plusieurs fois des Indes, principalement des îles de Banda, où ils sont assez communs : on les y élève dans les basses-cours ; mais dans nos climats ils ne pondent pas : il y a environ vingt-cinq ans, on en voyait plusieurs dans les volières de l'hôtel Soubise. On n'a pas été à même d'étudier les mœurs des autres pigeons étrangers.

On sait que les tourterelles ne sont en France que des oiseaux de passage, qui arrivent en troupes à la fin du printemps, pour en repartir avec les nouveaux-nés avant les froids.

Les *tourtelettes* appartiennent à une race qui se trouve au Sénégal, au cap de Bonne-Espérance, et dans d'autres contrées méridionales.

Les *passerins* sont de petites espèces d'Amérique, connues sous les noms de *cocotzin* et *petites tourterelles* ; comme leur chair est fort bonne, quelques auteurs ont donné, assez mal à propos, à cet oiseau le nom d'*ortolan*.

Les oiseaux nommés TETRAS par les naturalistes, sont plus généralement connus sous le nom de *coqs de bruyère*, avec lesquels on a placé les *gélinottes* qui s'en rapprochent par des caractères extérieurs.

Le *tetras de bruyère*, vulgairement *grand coq de bruyère*, que l'on nomme dans plusieurs pays *coq sauvage*, *coq des bois*, *coq des montagnes*, et même *faisan bruyant* ou *sauvage*, à cause du cri aigu et assourdissant que le mâle fait entendre dans la saison des amours, est quelquefois désigné par les habitans des Pyrénées par la dénomination de *paon sauvage* : cette diversité de noms prouve que les nomenclateurs ont bien fait de conserver à cet oiseau la dénomination latine de *tetras*, qui peut seule désigner le genre.

Dans nos climats les *coqs de bruyère* habitent les montagnes élevées, et se nourrissent de petits fruits, de semences, de feuilles tendres, de sommités de plantes et de vers de terre, qu'ils prennent en grattant le sol comme nos coqs de basses-cours; leur nom vulgaire indique aussi qu'ils habitent les bruyères désertes; mais c'est principalement aux *tetrix*, ou *petits coqs de bruyère*, que convient le nom d'oiseaux de *bruyère*; parce qu'en effet les petits fruits de cette plante forment leur principale nourriture; c'est sur-tout dans le nord de l'Europe que les tetrix sont communs, et qu'on les prive assez facilement; mais ils vivent peu de temps en cage dans nos climats tempérés.

Les *gélinottes* ont aussi beaucoup des habitudes des tetras, et se nourrissent comme eux de petits fruits, et sur-tout de ceux du coudrier; aussi les a-t-on appelées *poules des coudriers*. Elles sont renommées pour la bonté de leur chair, mais il est difficile de les conserver long-temps dans des volières.

Les *gangas* sont connus sous le nom vulgaire de *gélinottes des Pyrénées*; ils volent par troupes, et se trouvent principalement dans les contrées méridionales.

Le *tetras du Canada*, qui est une espèce de gélinotte, est très-commun dans le nord de l'Amérique.

On a donné aux *lagopèdes* la dénomination vulgaire de *perdrix blanches*, qui leur convient d'autant plus mal, que ces oiseaux, assez différens d'ailleurs des perdrix, ne sont blancs que pendant l'hiver; car, durant l'été, leur plumage est nuancé de taches brunes, ainsi qu'on peut le remarquer sur des individus de cette collection.

Les lagopèdes habitent les Alpes et les montagnes les plus élevées de l'Europe; ils vivent au milieu des neiges, dans des trous où ils semblent fuir les rayons du soleil; et, comme ils ont le vol peu élevé, on les prend très-facilement.

Parmi les TINAMOUS, le *magoua*, assez commun au Brésil, fait entendre le soir à six heures un sifflement grave, qui est son cri d'appel, lequel sert, en quelque sorte, d'horloge aux habitans du pays.

Les *souis* sont aussi des oiseaux de la Guiane, ils nichent sur des arbrisseaux et fréquentent de préférence les lieux découverts.

Les TRIDACTILES n'offrent rien de curieux dans leurs habitudes.

Les PERDRIX, avec lesquelles on a placé les *cailles*, sont des oiseaux trop connus ponr qu'il soit nécessaire de s'arrêter à la plupart des espèces ou variétés de nos climats.

Les chasseurs connaissent mieux que d'autres les ruses ingénieuses que les perdrix en général, et sur-tout les *perdrix grises*, emploient pour tromper leur adresse, principalement dans le temps où elles veillent sur leurs petits; les mères apprendront que ces qualités de tendresse, de fidélité conjugale attribuées aux pigeons, sont le partage des perdrix; à ces titres, ils en ajouteront d'aussi recommandables, c'est le dévouement des père et mère pour leurs petits, dévouement qui les porte à attirer l'œil du chasseur sur eux seuls au risque de périr.

Les *bartavelles*, dont la chair est très-estimée, ont été nommées *perdrix grecques*, parce que c'est principalement dans la Grèce qu'on les trouve en grand nombre sur les rochers.

Les variétés *blanches* des perdrix grises et rouges ne nous surprendront pas plus que les hirondelles blanches et les merles blancs que nous avons vus, parce qu'elles sont, sans doute, le résultat de causes semblables.

La *gorge nue* est une perdrix rouge d'Afrique.

Les *perdrix de roche* ont aussi quelque ressemblance avec nos perdrix rouges, et se plaisent, comme elles, dans les lieux montueux et les rochers.

Quoique les *cailles* soient répandues dans les différentes parties du monde, on pense bien que leur disparition subite de nos contrées à une certaine époque de l'année, a donné lieu à beaucoup de conjectures. Il est en effet très-difficile de concevoir comment des oiseaux naturellement pesans, et qui le sont encore davantage quand leur corps est chargé de graisse, peuvent faire une traversée considérable, soit pour aborder en Afrique, soit même pour aller d'île en île, tandis que sous nos yeux ils paraissent se traîner avec peine dans nos guérets. Ces voyages périodiques n'en sont pas moins certains, tandis que l'engourdissement que les cailles éprouvent l'hiver dans des trous, et les métamorphoses qu'elles subissent sont des absurdités fondées sur des observations mal faites, et recueillies par des imaginations extravagantes.

La haine que les mâles se vouent dans le temps des amours, l'acharnement avec lequel ils se battent, ont quelquefois engagé à présenter, soit les cailles, soit les perdrix en spectacle : les combats de ces oiseaux étaient célèbres chez les Athéniens, et Solon les croyait propres à donner du courage aux enfans.

Les cultivateurs se plaignent quelquefois de la grande quantité de cailles à l'approche des moissons; mais cette abondance n'est rien, comparée à la quantité prodigieuse de celles qui s'arrêtent, et souvent s'abattent de lassitude dans certaines contrées, soit en arrivant en France ou dans d'autres parties de l'Europe, soit lorsqu'elles regagnent les contrées méridionales des autres parties du monde; il n'y a point d'exagération à dire qu'on en prend, vers la fin du printemps, dans une étendue d'environ quatre lieues, sur les côtes occidentales du royaume de Naples, plus de cinq cent mille en quelques jours, et que leur retour au commencement de l'automne n'en laisse pas une moindre quantité. Le produit de cette chasse dans l'île de Caprée, située à l'entrée du golfe, forme un revenu considérable à l'évêque, qui en a reçu dans le pays le surnom d'*évêque des cailles*.

La *caille de Pondichéri* a été nommée *turnix* par des naturalistes; celle *de la Chine*, dont on voit ici une femelle, a été appelée la *fraise*, par allusion à sa fraise blanche; quoique cette espèce soit très-petite, elle n'en est pas moins aussi courageuse que celle de nos climats : à la Chine on fait battre ensemble ces petits oiseaux, et ces combats sont l'objet de paris considérables.

Nous avons fait mention des mœurs des PAONS, en visitant ceux que l'on élève dans le grand bassin du jardin, (tome Ier, pag. 111.) Nous ne nous arrêterons donc qu'aux variétés moins connues.

Le paon *spicifère*, qui doit son nom à l'aigrette en épi qu'il a sur la tête, est le même que d'anciens naturalistes ont appelé *paon du Japon*.

Le beau *paon blanc mâle*, variété du paon vulgaire, assez commune en Norwége, et dans d'autres contrées du nord, présente une exception assez rare aux variétés ; c'est que la blancheur du plumage se transmet aux générations suivantes, même lorsque ces oiseaux, qui, sans doute, ont subi cette altération dans le nord, multiplient dans le midi.

Nous avons vu vivantes la plupart des espèces de FAISANS que l'on conserve ici. (Tome Ier, page 117.) Nous ne ferons donc remarquer aux personnes qui nous ont accompagnés à la volière du jardin que les espèces et variétés qui ne s'y trouvent pas ; telles sont le *katraca*, que l'on apprivoise assez facilement aux Antilles, mais qui conserve en domesticité un caractère haineux et méchant.

L'*hoazin*, qui habite ordinairement les contrées les plus méridionales du Mexique, doit son nom au cri lugubre que ce nom, prononcé lentement, rend assez bien ; ce cri et les reptiles venimeux dont l'hoazin se nourrit, l'ont fait regarder dans ce pays comme un oiseau de mauvais augure, et cependant on croit que sa chair est un bon remède pour des maladies graves. Malgré ces bonnes et mauvaises qualités, l'hoazin s'apprivoise, et quelques Indiens en ont dans leurs basses-cours ; mais on est impatient de visiter l'une des plus belles espèces de faisans, on peut même dire l'un des plus beaux oiseaux de cette collection. Le *faisan argus*, ainsi nommé à cause du grand nombre d'yeux peints sur son plumage avec un ordre admirable, s'appelle *luen* dans son pays natal, et a mérité le surnom de *faisan de Junon*. Il est originaire des montagnes de la haute Asie, et il ne paraît pas que les

Chinois soient parvenus à l'apprivoiser ; car certainement les relations de ce pays, qui ſont mention du ſaisan doré, n'auraient pas oublié un oiseau aussi extraordinaire.

Les *coqs* et les poules leurs ſemelles, placés dans ce même genre, sont trop généralement connus pour que leurs mœurs doivent être décrites.

Il n'est pas surprenant qu'un oiseau, qui de temps immémorial est répandu sur toute la surſace de l'ancien continent, et qui a été transporté dans le Nouveau Monde, à l'instant même de sa découverte, s'offre à nous dans ces diverses contrées sous une ſoule de variétés, résultat du mélange journalier des races ; ainsi, quelles que soient les probabilités qui portent à croire que l'espèce principale est originaire des grandes Indes, on ne peut cependant assurer que les individus désignés ici sous la dénomination de *coqs* et *poules sauvages*, soient en effet de l'espèce primitive; tout ce qu'on peut présumer, d'après les soins qu'exigent les poussins, c'est que ces oiseaux sont originaires des climats chauds.

Nous croyons inutile d'entrer dans l'énumération des qualités qui font rechercher certaines races, de préférence à d'autres, à cause de leur fécondité; cette fécondité est telle, qu'on peut, avec quelques soins, avoir des poules qui pondent presque tous les jours. On dit qu'il y a une race à Malaca, qui pond deux fois par jour, et les naturalistes grecs citent des poules d'Illyrie qui pondaient jusqu'à trois fois; il n'est donc pas étonnant que dès les temps les plus reculés on se soit occupé des moyens de faire éclore ces œufs sans le secours des poules, et que les *fours à poulets*, très-communs chez les Égyptiens, aient été imités en Europe.

Tout le monde connait la jalousie des coqs envers leurs rivaux et même envers les mâles de quelques autres espèces, jalousie qui est le fondement de cette haine, dont les Grecs et d'autres peuples ont tiré parti pour donner des combats de coqs célèbres encore aujourd'hui à la Chine, en Angleterre et ailleurs.

Nous nous sommes occupés des mœurs des PINTADES, en visitant celles de la volière du jardin, (tome Ier, page 120.)

Les DINDONS ne sont pas moins connus que nos poules, et quoiqu'originaires de l'Amérique, n'en sont pas moins d'anciens habitans de nos basses-cours.

Tout le monde sait que l'habitude que cet oiseau a de faire la roue, surtout dans le temps des amours, joint à son air stupide, l'ont rendu le modèle de la sottise orgueilleuse. Ajoutons que parmi les dindons, ainsi que chez les hommes, les sots orgueilleux sont toujours méchans ; aussi, quoique la plupart des naturalistes assurent que les coqs ordinaires sont plus haineux, plus colères que les coqs d'Inde, j'avoue franchement que des observations constantes m'ont convaincu que ces derniers, dans le temps des amours, sont les plus violens des hôtes de nos basses-cours; peut-être cette diversité d'opinion vient-elle de ce que d'autres auront fait leurs observations à des époques différentes; mais je pense que la comparaison vulgaire : colère comme un dindon, est parfaitement juste, surtout si l'on ajoute comme un dindon amoureux; car plus d'une fois j'ai vu des coqs d'Inde attirés de fort loin par la voix glapissante de leurs pareils, abandonner leurs femelles pour venir se battre à outrance avec des dindons mâles qui régnaient paisiblement dans d'autres basses-cours; j'en ai vu poursuivre des coqs ordinaires, tuer des canards mâles, mutiler des poules par excès de tendresse, et se jeter sur les filles de basse-cour, sur-tout lorsqu'elles avaient quelque partie de leur vétement de couleur rouge.

Une particularité assez remarquable rapportée par quelques voyageurs, c'est que, lorsqu'on tue à coup de fusil quelque *dindon sauvage* qui était perché sur un arbre, les autres le voient tomber sans frayeur, et conservent une immobilité qui seule leur mériterait la réputation de stupides.

Le HOCCO vivant, que nous avons vu dans la volière, (IIIe Promenade, page 118) et dont nous avons décrit les habitudes, est de l'espèce nommée ici *alector*. Le *hocco pauxi*, appelé simplement pauxi dans le Mexique, et que l'on désignait assez improprement sous le nom de *pierre de Cayenne*, lorsqu'il était vivant à la ménagerie de Versailles, est aussi stupide dans l'état sauvage que le hocco alector, et s'apprivoise plus difficilement que ce dernier.

Les GOUANS nous viennent des Indes occidentales, et ressemblent assez au premier aspect aux précédens. Il y a lieu de penser que ces oiseaux, dont la chair est fort délicate, se rapprochent beaucoup pour leurs habitudes des autres gallinacés, dont ils forment ici le dernier genre.

C'est à l'armoire suivante que commence la seconde des deux principales divisions adoptées par Lacepède, et dans laquelle nous verrons successivement les oiseaux d'eau ou nageurs, ceux de rivage et la tribu peu nombreuse des coureurs.

Les FLAMANDS, appelés *phénicoptères* par les Grecs, ce qui signifie oiseau *à l'aile de flamme*, eussent peut-être été mieux désignés sous cet ancien nom générique, que sous celui qu'on leur a conservé ici, et qui peut donner une fausse notion en laissant croire que cet oiseau est commun en Flandre.

Quoi qu'il en soit, ce nom français n'est qu'une corruption du mot *flambant*, qui, comme on voit, signifiait à peu près la même chose que la dénomination grecque. Les flamands, loin d'habiter le nord de la France, ne paraissent ordinairement que sur nos côtes méridionales dans les marais qui les avoisinent; on les voit plus habituellement dans les contrées chaudes, et on les retrouve dans les autres parties du monde. Lorsque ces oiseaux voyagent, c'est toujours en troupes, et placés sur une ligne; quand ils se reposent ou prennent leur nourritnre, ils sont également placés à la file les uns des autres, et il paraît que cette manière de se ranger leur a été dictée par l'instinct de leur propre conservation; en effet, on a remarqué qu'il y avait toujours en sentinelle un ou plusieurs flamands qui ne manquaient pas, d'aussi loin qu'ils appercevaient quelque ennemi, d'avertir la troupe par un cri aigre, assez semblable à celui d'une trompette, ce qui suffisait pour la mettre toute entière en fuite; il est d'autant plus important pour ces oiseaux d'être avertis à temps, qu'ils savent prévenir, mais non braver le danger; un seul coup de fusil, tiré sur l'un d'eux, rend les autres presque immobiles de frayeur, et les livre au chasseur, qui les tue quelquefois jusqu'au dernier; on dit que lorsqu'ils sont gras leur chair est fort délicate.

Les ALBATROSSES sont quelquefois si gros, qu'on les a nommés au cap de Bonne-Espérance, où cependant ils viennent rarement, *moutons du Cap;* ces oiseaux n'habitent que les mers australes, et se trouvent en grand nombre entre les îles de glace, et jusqu'aux glaces solides qui bornent ces mers. Les navigateurs en prennent assez facilement à l'hameçon, lorsqu'ils s'approchent des vaisseaux.

Les PÉTRELS se laissent aussi emporter au desir de voyager, et bravent généralement les gros temps; la facilité qu'ils ont à voler, à nager, et principalement à courir sur l'eau en s'aidant de leurs pieds comme de rames, et de leur ailes pour se soutenir dans l'air, leur a fait donner, par les matelots anglais, le nom qu'ils portent comme un diminutif de *petit Pierre*, par allusion à l'apôtre de ce nom qui marchait sur l'eau.

Le *damier*, qui doit son nom à son plumage, où le blanc et le noir sont placés en échiquier, est le même oiseau que les navigateurs ont appelé *pigeon de mer* : on le rencontre dans les latitudes les plus élevées de l'Océan austral; et l'on n'en voit guère avant d'avoir passé les tropiques.

Lorsqu'à de grandes distances de terre les matelots voient arriver à l'arrière du vaisseau un grand nombre de *pétrels-tempêtes*, appelés ordinairement *oiseaux de tempête*. ils regardent cette apparition comme le précurseur d'un gros temps, et ce signal d'alarme devient aussi pour eux un signe de salut, parce qu'ils se préparent à l'orage, qui ne manque jamais de suivre d'assez près leur arrivée ; et l'on sent bien que c'est-là ce qui a valu à ces oiseaux le surnom qu'on leur a donné dans les mers du Nord et du Sud, où ils sont assez communs.

Presque toutes les espèces de pétrels présentent, à ceux qui veulent en dénicher, une petite opposition à laquelle on ne s'attend pas lorsqu'on n'a aucune connaissance de leurs habitudes : comme ces oiseaux se nourrissent de poisson, ils ont habituellement l'estomac rempli de matières qui ne sont pas entièrement digérées, et d'huile qu'ils dégorgent dans le bec de leurs petits ; de sorte que, lorsqu'on se présente à eux pour les saisir, ils ne manquent pas de lancer cette huile dans les yeux du chasseur. Que cette action soit l'effet de la frayeur ou du desir de se défendre, il n'en est pas moins vrai que plusieurs dénicheurs, qui étaient parvenus à gravir les côtes escarpées et à se glisser dans les fentes des rochers où les pétrels nichent, ont couru risque d'être aveuglés, et même, ce qui nous paraît un peu fort, y ont, dit-on, perdu la vie.

Le duvet de certains pétrels sert aux mêmes usages que celui des cygnes.

En parcourant les oiseaux d'une famille fort nombreuse à laquelle on a donné le nom d'une des espèces principales, le CANARD, nous ne ferons point mention du *canard olor,* qui est notre *cygne domestique,* dont nous nous sommes occupés en visitant les animaux vivans (IIIe Promenade, p. 159) : nous ferons seulement remarquer que celui-ci n'est qu'une variété du *cygne sauvage* dont on voit des individus dans cette collection.

Les *oies*, parmi lesquelles il est facile de reconnaître nos *oies domestiques* et les *oies sauvages*, sont généralement des oiseaux très-connus, parce que l'on a bien calculé tous leurs produits.

On sait que c'est pour leur duvet, pour leurs grosses pennes et pour leur chair, que l'on élève des troupeaux d'oies domestiques ; mais c'est sur-tout dans l'art de les engraisser que l'on a mis à la fois le plus de raffinement et de cruauté. Cet art, dont les détails ne sont heureusement pas du domaine du naturaliste, était bien connu des anciens ; et quoique la vigilance des oies du Capitole eût sauvé Rome de la surprise des Gaulois ; quoique chaque année on célébrât une fête en l'honneur de ces oiseaux, les fermiers des environs n'en connaissaient pas moins l'art de les engraisser pour la table des Apicius.

Le caractère apparent des oies est assez connu du peuple, qui ne manque pas d'en faire des applications proverbiales ; mais cette réputation de bêtise leur vient, sans doute, plutôt de leur tournure, de leur démarche, et, si l'on peut le dire, de leur physionomie que de leurs mœurs. Les oies, en effet, ne sont pas plus stupides que les cygnes, que nous admirons; comme ces derniers, elles déploient à propos, et surtout pour défendre leurs petits, un courage qui les rend capables de tout braver; et l'on a des preuves que des *jars* (nom des oies mâles), ont donné des marques de dévouement telles qu'on aurait lieu de les attendre du chien le plus fidèle.

On sait que les oies sauvages viennent des climats froids, où elles nichent ordinairement, et qu'elles ne restent dans les contrées tempérées que jusqu'à ce que la saison leur permette de revenir dans celles où elles ont pris naissance. Tout le monde a été à portée d'observer qu'elles voyagent en conservant un ordre qui présente la figure d'un V.

Le *cygnoïde* ou l'*oie de Guinée*,

quoique originaire d'Afrique, se retrouve en Russie, en Sibérie, et dans d'autres contrées froides, ce qui l'a fait nommer par quelques naturalistes *oie de Sibérie* ou de *Moscovie :* l'espèce de poche, formée par sa gorge pendante, lui a fait aussi donner le nom de *jabotière.* Elle peut multiplier dans nos basses-cours avec notre oie domestique.

Le *canard canadien*, qui est l'*oie sauvage du Canada*, paraît quelquefois en France, ainsi que le *canard melanote*, que Buffon appelle *oie bronzée.*

L'*oie d'Egypte* est célèbre par les hommages que lui rendaient les anciens Egyptiens, qui la considéraient comme le modèle des bons parens. Plusieurs individus de cette espèce vivent depuis sept ans dans le grand bassin du jardin, où ils font la guerre aux autres espèces.

Qui pourrait penser, en voyant la *bernache*, que cette espèce d'oie, peu remarquable pour nous, a été fameuse pendant une longue suite de siècles, et qu'elle a été considérée par plus de vingt naturalistes, dont plusieurs jouissaient d'une juste réputation : par les uns, comme le produit d'un fruit, par d'autres, comme sortant d'une coquille, par quelques autres enfin, comme naissant dans des troncs d'arbres, ou même dans les bois pourris et les débris des navires ? De là venait cependant le nom latin donné à une espèce de saule, et qui signifiait *arbre aux oies*, et celui de *conque anatifère*, que porte encore une coquille, très-connue sur nos côtes de l'ouest sous la dénomination vulgaire de *pousse-pied.*

Je ne cite ces puérilités que parce qu'elles se trouvent trop souvent dans de bons livres à côté d'excellentes remarques.

Au surplus, les bernaches nichent dans les contrées très-septentrionales, vers le 80e degré et au-delà ; mais on en voit souvent en Angleterre, en Irlande, et l'on en a même tué en France, qui, sans doute, s'étaient égarées dans leurs longues excursions, ou qui avaient été poussées dans les terres par le gros temps.

Le *cravant* est une espèce d'oie plus commune dans les climats tempérés : on la reconnaît de loin à son cri sourd, qui ressemble à un aboiement rauque : c'est un oiseau timide, craintif, et que l'on peut, avec un peu de soin, garder en domesticité.

Les *eiders* sont des espèces beaucoup mieux connues, à cause du commerce que l'on fait de leur duvet, que nous appelons *édredon*, par corruption d'*eider-don*.

C'est en Norwége et en Islande que nichent les eiders, et c'est de là qu'on nous apporte leur duvet : le plus fin est celui qui couvre le ventre et l'estomac, et l'on prise sur-tout celui que l'oiseau s'arrache pour garnir son nid, et que les marchands appellent *duvet vif.* Dans le pays on force chaque femelle à construire tous les ans plusieurs nids, en lui enlevant ses œufs; et l'on a remarqué que, lorsqu'elle n'a plus de duvet fin, le mâle s'en arrache, à son tour, pour garnir le nid; mais on a l'attention de ne faire la dernière récolte que lorsque les petits sont éclos, sans cela on risquerait de chasser pour toujours la mère des lieux ou l'on a le plus grand intérêt à la retenir; puisque les terrains où ces oiseaux nichent sont les plus riches propriétés des habitans de ces contrées, lesquels ont l'art de former de petites îles, pour les engager à venir jouir de la solitude.

Les eiders voyagent comme les autres espèces d'oies, mais ils ne quittent guère les contrées glaciales; seulement, dans l'hiver ils se tiennent à la mer: ils se nourrisent habituellement de poisson, qu'ils attrapent en plongeant profondément : ils aiment aussi les moules et les animaux des autres coquillages. Quelques personnes pensent que l'on pourrait peut-être en élever sur nos côtes les plus septentrionales.

Les *canards* proprement dits, dont on reconnaît aisément ici plusieurs variétés sans étiquette, ont des habitudes trop connues pour que nous nous arrêtions à les décrire. Celles des *canards sauvages* tiennent pareillement à la nécessité où ils se trouvent de voyager, pour éviter les grands froids des contrées qu'ils habitent.

Les *canards musqués*, appelés aussi *canards d'Inde*, se plaisent assez dans nos basses-cours : on en trouve beaucoup de sauvages dans les terres humides de la Guiane.

Les *tadornes* nichent dans des terriers, dont elles chassent quelquefois les lapins ; et, comme elles s'établissent de préférence dans le voisinage de la mer, on les a nommées *canards de mer*.

Les *macreuses* et les *doubles macreuses* viennent des contrées septentrionales, et arrivent sur nos côtes en hiver. Ces oiseaux, ainsi que les diverses espèces de *sarcelles*, peuvent être considérés comme ayant à peu près les mêmes habitudes que les canards sauvages.

Les HARLES sont très-voraces, et dévastent quelquefois nos étangs. La *piette* a été appelée la *religieuse*, à cause des couleurs de son plumage. Le *harle couronné* se trouve au Mexique, à la Caroline et à la Virginie.

Le BEC EN CISEAUX n'a de remarquable que son bec : il se nourrit de poisson comme les précédens : on le rencontre à la Caroline et sur les côtes de la Guiane.

Parmi les PLONGEONS, celui nommé l'*imbrim* ne quitte pas les mers du nord; tandis que l'*immer* se trouve souvent sur les lacs de la Suisse. Quant aux *petits plongeons*, on en voit assez souvent sur nos côtes. On y voit aussi quelques espèces et variétés de GRÈBES, dont le plumage servait autrefois à faire des manchons.

Les GUILLEMOTS, ainsi que les ALQUES, sont des oiseaux assez stupides, qui se plaisent dans les mers septentrionales. Il y a des espèces de guillemots qui nichent sur nos côtes, et qui volent et marchent si mal, que, lorsqu'on les surprend à terre, on peut les prendre à la course.

Les différentes espèces de PINGOINS et de MANCHOTS habitent des climats fort opposés; mais leur conformation suffit pour annoncer que ces oiseaux se tiennent presque toujours à la mer.

Les STERNES ou *hirondelles de mer* doivent ce dernier nom à quelques traits de ressemblance avec nos hirondelles; elles prennent les petits poissons avec beaucoup d'adresse, en rasant la surface de la mer. La *grande hirondelle de mer*, surnommée *pierre garin*, est assez commune sur nos côtes, où elle arrive au printemps : elle va aussi pêcher dans les rivières. La *petite* vient aux mêmes époques, et repart également à l'entrée de l'hiver. L'*épouvantail* est la *grifette noire*, qui se nourrit principalement d'insectes.

L'AVOCETTE n'est aussi pour nous qu'un oiseau de passage : la longueur de ses jambes lui donne les moyens de prendre les poissons sans avoir besoin de se mettre toujours à la nage.

Les MAUVES sont les mêmes oiseaux auxquels on a donné les noms de *goëlans, mouettes*, etc.; ils ont à peu près les mêmes habitudes que les précédens; quelques espèces sont très-voraces, et restent presque toute l'année sur nos côtes : lorsqu'elles s'en éloignent pour venir dans les terres, c'est un présage de mauvais temps.

Les FRÉGATES doivent leur nom à la grande vîtesse de leur vol, qui leur sert à poursuivre les autres oiseaux de mer auxquels elles enlèvent leur proie.

Les CORMORANS dévastent les étangs sur lesquels ils s'arrêtent : on assure qu'après avoir saisi le poisson ils le jettent en l'air de manière à le faire tomber dans leur gosier la tête en avant, ce qui fait que les nageoires ne gênent pas au passage. A la Chine on les élève à rapporter le poisson qu'ils ont pêché; mais ils sont moins généralement répandus que les FOUS, oiseaux assez mal nommés; car, si c'est leur caractère que l'on a voulu désigner, il fallait plutôt les appeler *stupides*. Des voyageurs en ont en effet trouvé dans certains parages, qui donnent des preuves de la plus complète stupidité; aussi, lorsqu'ils sont rencontrés en mer par quelque frégate, cette dernière ne manque jamais de s'approprier leur pêche. Les PHAÉTONS, connus des navigateurs sous le nom de *paille en queue*, sortent rarement de la zone torride; les ANHINGAS se plaisent aussi dans les pays chauds, et se trouvent principalement à la Guiane et au Brésil; mais les PÉLICANS, célèbres par un dévouement maternel fort exagéré, se voient également, soit dans les mers du nord, soit dans les contrées méridionales; ils sont seulement très-rares sur nos côtes. La conformation du pélican est beaucoup plus curieuse que sa vie privée : cette longue poche dans laquelle il met sa provision de poisson ou d'eau, et dont il fait sans doute part à ses petits, n'offre rien d'assez remarquable pour qu'on doive en faire l'emblème de l'amour maternel; les cigognes, les perdrix même sont à cet égard plus dignes de nous intéresser : au surplus, ces oiseaux qui nagent ordinairement par troupes, s'apprivoisent assez facilement, et on les élève, de même que les cormorans, à rapporter leur pêche.

Ici commence la tribu des oiseaux

de rivage, dont nous avons fait connaître les principaux caractères.

Quelques-uns des goûts du MESSAGER, aussi connu sous le nom de *secrétaire*, avaient engagé des naturalistes à le placer parmi les oiseaux de proie; mais quoiqu'il se nourrisse de reptiles et de rats, son naturel est si doux, il s'apprivoise si facilement, que nous le verrions avec peine avec les faucons. Il n'est pas rare de voir des messagers dans les basses-cours des habitans du cap de Bonne-Espérance, où ils vivent en paix avec les autres espèces d'oiseaux; c'est sans doute à ses longues jambes qu'il doit le titre de messager.

Le KAMICHI se nourrit aussi de reptiles; mais c'est principalement dans les terrains humides de l'Amérique méridionale qu'on le rencontre: on le reconnaît de loin à sa voix forte et retentissante.

On a donné aux GLARÉOLES le surnom de *perdrix de mer*, parce qu'elles fréquentent les rivages de la mer : on en voit aussi beaucoup aux bords des rivières de nos départemens du nord.

L'AGAMI, que le son sourd qu'il fait sortir de son corps a fait surnommer l'*oiseau trompette*, est un des oiseaux qui s'apprivoisent le plus facilement, c'est même un de ceux qui montrent le plus d'attachement pour leurs maitres; il est commun dans quelques contrées de l'Amérique méridionale, et l'on a pu voir un agami vivant, il y a quelques années, à la ménagerie.

Les GRUES ordinaires, quoique originaires du nord, sont bien connues dans plusieurs de nos départemens : elles arrivent en automne en troupes nombreuses, s'abattent sur les terrains nouvellement ensemencés, mais cherchent de préférence les contrées marécageuses, où elles trouvent beaucoup d'insectes; la *grue couronnée* est *l'oiseau royal* qui habite l'Afrique; c'est une des espèces les plus familières; l'*antigone* est la grue *à collier*, qui vient des grandes Indes. Les *demoiselles* doivent leur nom à leur taille, à leur parure et à des manières singulières qui ont l'air de la coquetterie; on les a appelées demoiselles de *Numidie*, parce que c'est là qu'on les a vues pour la première fois; mais elles ne sont pas rares dans d'autres parties de l'Afrique : on en a élevé long-temps à la ménagerie de Versailles, qui ont multiplié.

Nous avons fait connaître les mœurs des CIGOGNES en visitant celles de la ménagerie, (IIIe Promenade, p. 116.) Nous dirons seulement que la *cigogne noire*, ou plutôt rousse, est plus rare dans nos contrées que la blanche.

Les HÉRONS sont des oiseaux qui vivent sur les lacs, les étangs, et j'en ai vu souvent dans les prés inondés qui avoisinent les ruisseaux et les petites rivières poissonneuses : on pense bien que c'est du *héron vulgaire* qu'il est question ici ; le *blanc* se trouve rarement sur les côtes d'Angleterre, mais on le rencontre dans le nord ainsi que dans les contrées les plus méridionales ; le *pourpré* se voit sur le Danube ; le *bihoreau*, que l'on a quelquefois nommé *corbeau de nuit*, à cause de son cri lugubre, est une espèce assez commune dans nos climats, ainsi que le *butor ;* mais ce dernier oiseau ne mérite pas particulièrement l'injure attachée à son nom, car de toutes les espèces de héron il est peut-être le moins stupide, ce qui, à la vérité, ne fait pas l'éloge des autres.

Les longues plumes que la plupart des hérons ont sur la tête et le cou, servent à faire des panaches ; les plus chères sont celles de l'*aigrette*, que l'on voit non seulement en Europe, mais dans les contrées méridionales de l'ancien et du nouveau continent : quant à la *grande aigrette*, espèce de héron non moins beau que les autres, elle ne se trouve qu'en Amérique.

Le BEC-OUVERT est un oiseau étranger, dont les habitudes sont inconnues.

C'est au cri dur et rauque, à l'espèce de *râlement* que les RALES, et principalement celui de *genêt*, font entendre, que les oiseaux placés dans ce genre doivent leur nom : les espèces les plus communes en Europe se trouvent dans les environs des étangs, dans les prés bas et les terrains fangeux; le seul râle de genêt, appelé aussi *râle de terre*, préfère les prairies; et comme on l'y rencontre en même temps que les cailles, et qu'il en repart à la même époque que ces dernières, on a supposé fort gratuitement qu'il conduisait leurs bandes, et on l'a nommé *roi des cailles*.

Les *râles d'eau*, moins estimés des gourmands que ceux de genêt, se cachent avec soin dans les grandes herbes des étangs et des prés inondés, dont il est difficile de les faire sortir; les *marouettes* habitent les étangs marécageux, et font leur nid en petit bateau, de manière qu'il s'élève et s'abaisse avec la surface des eaux. Les râles *des Philippines* se nomment aussi *tiklins*; ceux à *long bec* sont assez communs à la Guiane, où l'on trouve aussi la *grande poule d'eau*, qui est le râle *hydrogalinette*.

On pense bien que c'est du goût que les oiseaux du genre suivant ont pour les huîtres et les autres coquillages que dérive leur nom; les HUITRIERS, que l'on connaît sur nos côtes sous la dénomination vulgaire de *pies* ou *bécasses de mer*, sont beaucoup plus communs sur celles de la Grande-Bretagne que sur les nôtres, et on les retrouve dans les climats les plus opposés:

Les SAVACOUS sont des oiseaux solitaires, fort communs dans les marais de la Guiane.

Les SPATULES *blanches* sont assez communes sur nos côtes marécageuses, mais beaucoup moins que dans les environs de Leyde, où elles se rassemblent par troupes nombreuses; les spatules *roses* se trouvent principalement à l'Amérique : ces oiseaux nichent sur le sommet des grands arbres, et pêchent pendant le jour sur les bords fangeux de la mer.

Le grand nombre d'espèces et de variétés de BÉCASSES qu'on a rassemblées ici, prouve qu'une foule de circonstances font varier les couleurs de ces oiseaux répandus dans toutes les contrées; leurs habitudes sont bien connues des chasseurs, et l'on sait que généralement elles se nourrissent de vers, se plaisent dans les terrains humides, voient mal, et paraissent très-bornées dans les moyens de se soustraire à notre poursuite. L'espèce appelée ici *œgocéphale* est connue sous le nom vulgaire de *barge*; elle vient sur nos côtes;

les *érytropes*, plus connues sous la dénomination de *chevaliers*, pénètrent dans l'intérieur des terres, et sont assez communes sur les étangs et les rivières de quelques-uns de nos départemens; il n'en est pas de même des JABIRUS que l'on n'a trouvés encore que dans l'Amérique, où ils vivent de poissons d'eau douce.

Nous arrivons enfin à un genre qui offre des souvenirs intéressans. L'IBIS, appelé aussi l'*oiseau de Pharaon*, dont on retrouve si fréquemment l'image dans les *hiéroglyphes* des Égyptiens, fut célèbre chez cet ancien peuple qui divinisait, en quelque sorte, tous ses bienfaiteurs. Il suffit de savoir que les ibis se nourrissent de serpens, pour sentir quels services ils rendent encore dans ces contrées infestées par des reptiles dangereux; c'est le professeur Geoffroy qui a rapporté d'Égypte l'ibis antique que l'on a placé dans cette collection, et qui nous retrace les hommages rendus à cet *oiseau sacré* chez les anciens Égyptiens.

Les COURLIS vulgaires sont chez nous des oiseaux de passage qui ne séjournent quelque temps que dans nos départemens maritimes, où ils se nourrissent de vers, de petits coquillages et d'insectes : tout le monde sait qu'ils sont très-recherchés pour la bonté de leur chair; les *courlieus*, ou *petits courlis*, sont beaucoup plus rares sur nos côtes; les *courlis verts* sont communs en Italie, mais les *courlis rouges* ne se trouvent que dans l'Amérique méridionale.

Les ÉCHASSES, quoique assez rares, se rencontrent dans les contrées opposées de l'ancien et du nouveau continent; mais des oiseaux de rivage plus répandus et plus connus, sont les HIDROGALLINES, mot composé qui rend bien la dénomination vulgaire de *poules d'eau*; parmi elles, il en est cependant qui viennent rarement en France, même dans nos contrées méridionales; telle est le *porphyrion* ou *la poule sultane*, assez commune en Sicile, et qui paraît originaire d'Afrique : on parvient à l'élever en domesticité : les Grecs et les Romains se contentaient même d'admirer cet oiseau dans leurs palais, et ne le faisaient point servir dans leurs festins les plus somptueux. L'*hydrogalline de la Martinique*, qui est la *petite poule sultane*, se trouve, ainsi que la *favorite*, à l'Amérique; mais la *chlorope*, que tout le monde reconnaîtra pour notre *poule d'eau vulgaire*, paraît répandue dans la plupart des pays connus, et se trouve en hiver dans les contrées tempérées de la France; la poule d'eau est, ainsi que la FOULQUE, paresseuse, timide, et y voit assez bien dans l'obscurité; cette dernière a dans certains oiseaux de proie des ennemis sans cesse acharnés à la poursuite de ses œufs et de ses petits; on donne assez communément en France le nom de *morelle* à la foulque commune.

Les JACANAS sont des oiseaux de l'Amérique méridionale, dont les habitudes sont peu connues ; on leur a donné le surnom de *chirurgien*, en comparant leurs ongles à des bistouris.

Le bruit que font les VANNEAUX en volant, et que l'on a comparé à celui du *van*, instrument destiné à nettoyer le blé, est l'origine du nom de cet oiseau, du moins de l'espèce ordinaire, assez commune dans nos climats, où elle arrive dès le commencement du printemps ; c'est à cette époque que les vanneaux se répandent en folâtrant matin et soir sur les terres humides, et dans les prairies qui renferment des vers, leur principale nourriture ; ils nichent même en si grand nombre dans quelques-uns de nos départemens, que leurs œufs sont aussi communs dans les marchés de certains villages que ceux des poules, et c'est ainsi que les hommes préfèrent leur intérêt présent à un avantage plus éloigné et plus général ; en effet, le vanneau répandu sur toute la terre rend le plus grand service aux cultivateurs en détruisant cette foule de larves et de vers qui rongent les plantes; le *tourne-pierre* a les mêmes goûts, et comme il habite les rivages de la mer, il doit son nom à l'habitude qu'il a de retourner les petites pierres pour attraper les vers qui se logent ordinairement sous cet abri; mais les plus remarquables parmi ces espèces, sont les *combattans* et les *caurales*; les premiers, appelés aussi *petits paons de mer* sont plus rares dans nos contrées que les précédens, et ne se voient que sur nos côtes septentrionales; quant aux seconds, leurs habitudes sont inconnues, et l'on sait seulement qu'on les trouve à la Guiane, où ils sont rares. On pense bien que les combattans doivent ce nom à leurs mœurs guerrières; ce sont en effet les combats qu'ils se livrent, soit corps à corps, soit en troupes réglées, et dont nos vanneaux ordinaires nous donnent aussi le spectacle dans le temps des amours qui les ont fait remarquer; mais ces diverses espèces, intéressantes pour les amateurs, le sont bien moins pour les friands que quelques-unes du genre suivant; c'est parmi les PLUVIERS, dont les variétés sont assez nombreuses et répandues, que se trouvent les pluviers *dorés*, célèbres par la délicatesse de leur chair, et les *guignards*, appelés aussi *petits pluviers*, moins communs chez nous, mais aussi recherchés; ces oiseaux, dont les goûts se rapprochent beaucoup de ceux de nos vanneaux, n'arrivant dans nos climats que dans la saison des pluies, c'est à cette remarque qu'ils doivent leur nom; les pluviers à *collier* se tiennent sur les grèves aux bords de la mer, et se trouvent aussi quelquefois sur nos rivières; les autres espèces sont presque toutes étrangères à nos climats, ou, si l'on en voit quelquefois sur nos côtes, c'est que des circonstances particulières les y ont portées. Les dénominations de *coure-vîte*, de *vocifère*, d'*armé*, d'*ai*-

guillonné, de *couronné*, *à lambeaux*, indiquent : les deux premières, des habitudes très-peu remarquables ; les autres, des caractères extérieurs pris, soit dans la forme de leurs ongles, soit dans les variétés du plumage.

L'OUTARDE vulgaire n'a, avec les oiseaux de rivage, que des rapports de formes extérieures, remarqués par les ornithologistes, car elle en diffère essentiellement par ses goûts, puisqu'elle se nourrit principalement de grains et ne s'arrête en hiver par petites troupes que dans les plaines de quelques-uns de nos départemens ; sa chair n'y est pas moins estimée que celle de la *caneptière* ou *petite outarde*, plus rusée que l'autre pour se soustraire au chasseur. La petite outarde huppée d'Afrique, appelée *houbara*, emploie à peu près les mêmes ruses pour se soustraire aux oiseaux de proie ; mais celle-ci est principalement recherchée dans le pays qu'elle habite, parce que son fiel et d'autres parties intérieures sont regardées comme d'excellens remèdes pour les maux des yeux.

Comme on ne veut avoir des notions que sur les oiseaux conservés dans cette collection, on se rappellera que nous avons fait connaître les mœurs des AUTRUCHES et des CASOARS, en visitant ceux de la ménagerie. (IIIe Promenade, pages 138 et 145.)

Les personnes qui ont bien voulu nous accompagner dans la visite des oiseaux auront remarqué avec satisfaction que cinq ou six genres seulement manquent à cette collection, et nous ne craignons pas d'affirmer que le peu d'individus connus dans les espèces qui les composent ne présentent aucun fait très-curieux, car, par exemple, le TOUYOU est un grand oiseau d'Amérique, assez semblable à l'autruche pour qu'on lui ait donné les noms d'*autruche bâtarde*, d'*autruche d'occident*, etc.; et quant au DRONTE que l'on n'a trouvé jusqu'ici que dans les îles de France et de la Réunion, tout ce qu'on en sait par les descriptions des voyageurs, c'est que si la petitesse des ailes et la forme des pieds le rapprochent des oiseaux appelés *coureurs*, la pesanteur de son corps, le peu de longueur de ses jambes, en font l'espèce la plus lourde et la moins propre à la course.[1]

---

[1] Au moment où l'on termine l'impression de cet ouvrage je vois avec plaisir que plusieurs noms vulgaires qui manquaient aux étiquettes des oiseaux de cette collection, ont été ajoutés et que l'on multiplie de plus en plus les moyens de rendre facile l'étude de l'histoire naturelle : ainsi le vœu que j'ai exprimé au commencement de la visite de cette collection, (6e Promenade, page 140) est rempli presque aussitôt que formé. Le retour du professeur (M. Geoffroy) chargé spécialement de la démonstration des mammifères et des oiseaux, en complétant toutes les chaires du Muséum, laisse la faculté de donner à chaque cours tout le développement dont les diverses classes du règne animal sont susceptibles.

VIIIe PROMENADE.

Visite de la salle des mammifères, comprenant les animaux vulgairement appelés quadrupèdes, et les animaux marins à mamelles.

NOUS voici arrivés, en suivant, dans la série des classes du règne animal, l'ordre inverse de celui adopté dans les ouvrages d'histoire naturelle, aux animaux les plus parfaits, ou, pour parler un langage plus exact, à ceux des êtres organisés qui approchent le plus de l'homme, lequel peut être considéré comme le plus parfait des animaux.

Cependant, je l'avoue, une remarque assez naturelle, mais que peu de personnes peut-être ont faite, vient diminuer un peu cette supériorité d'intelligence qu'on est tenté d'attribuer aux êtres les plus voisins de l'homme par la nature de leurs organes; c'est

cet isolement dans lequel vivent les individus appartenant à presque toutes les espèces de mammifères; tandis que nous avons vu, dans des classes fort éloignées, parmi les insectes, par exemple, des associations de quinze à vingt mille individus animés par un intérêt commun, et travaillant de concert avec un ordre admirable. Comment, en effet, des animaux si voisins de l'homme, qui est l'être social par excellence, on pourrait même dire par la nature de son organisation; comment de tels animaux ne nous offrent-ils qu'un très-petit nombre de ces réunions si ordinaires chez les oiseaux, dont une foule d'espèces, quoique établissant des demeures isolées, font cependant leurs courses, leurs voyages en commun, et paraissent, dans beaucoup de circonstances, être dirigées par un amour, un instinct de sociabilité que nous n'avons pu nous empêcher d'admirer?......
Mais un tel sujet nous entraînerait loin

de notre but, et des discussions d'une si haute importance ne peuvent être traitées dans des promenades.

A peine entrés dans la salle des mammifères, nos regards se portent involontairement sur ceux qui, par leur stature ou la singularité de leurs formes, semblent devoir prêter à des observations plus intéressantes, et déjà la haute girafe, le lourd rhinocéros, le hideux hippopotame, se partagent notre attention.... Mais il faut encore ici revenir à nos premières conventions, et afin de voir avec intérêt, et, s'il se peut, avec fruit, adopter un ordre simple, qui, réunissant sous un même point de vue plusieurs individus rapprochés par des caractères, des habitudes semblables, nous évite des répétitions toujours fastidieuses.... Cet ordre est tout tracé dans la classification méthodique de M. Lacepède, d'après laquelle on a rangé les animaux de cette salle, du moins autant que la forme des armoires et la grandeur des individus l'a permis. [1]

---

[1] Les principales divisions des mammifères sont simples. La première, qui en réunit un très-grand nombre, est composée des quadrupèdes proprement dits; la seconde, des mammifères ailés; et la troisième, la moins nombreuse en espèces connues, des mammifères marins.

Chacune de ces grandes divisions est sous-divisée par la considération de la forme des pieds, et les grandes tribus qu'elles renferment sont distinguées par la forme et le nombre des dents; mais nous verrons que ces considérations, qui, au premier abord, paraissent nécessaires seulement au naturaliste, rapprochent des espèces qui ont souvent des habitudes semblables, et en forment des familles naturelles.

Je crois inutile de m'étendre ici sur les autres caractères des divisions, puisque chacun est à portée de les lire sur les cartons placés dans l'intérieur des armoires; cette collection n'offrant que des animaux dénommés avec une exactitude aussi utile pour les étudians qu'agréable pour les gens du monde.

Les quadrupèdes à mamelles étant de tous les animaux les plus généralement connus, nous ne citerons que quelques principaux traits sur ceux qui nous intéressent, en renvoyant, pour les espèces que nous avons vues vivantes, à ce que nous en avons dit dans la visite de la ménagerie.

Comme il est inutile de s'arrêter sur l'organisation des mammifères, puisque tout le monde sait que leurs organes essentiels au mouvement, aux sensations, à la circulation du sang, et conséquemment à la nutrition, sont les mêmes que dans l'homme, nous passerons aux considérations que peuvent faire naître la vue de chaque individu, en faisant remarquer que, de toutes les collections d'animaux de cet établissement, celle-ci est la plus complète, c'est-à-dire, que presque toutes les espèces connues y sont rassemblées.

En entrant dans la salle, et prenant

à main droite, nous ne nous arrêterons ni à la première armoire, ni à la seconde, sur lesquelles nous reviendrons, l'emplacement ayant forcé de placer les premiers genres à la troisième armoire. [1]

---

[1] Outre la girafe, les rhinocéros, le couagga et des antilopes, placés dans l'intérieur de la salle, la nécessité a également obligé de placer d'autres grands animaux, tels que l'éléphant, l'hippopotame, le zèbre, les ours, dans les quatre grandes armoires des coins, sans égard à la série des genres : la forme de l'emplacement et aussi le desir d'accorder ce qu'on doit à l'étude avec un ordre agréable à l'œil, ont fait distribuer le genre des *felis* ou chats, qui comprend les lions, tigres, panthères, léopards, etc. dans les armoires situées aux côtés de la croisée : enfin deux grandes armoires latérales renferment ; celle de droite, les chiens et ses espèces ; celle de gauche, les cochons, sangliers, tapirs, et les ruminans, tels que cerfs, antilopes, chèvres, etc. Ainsi, pour suivre la série des genres, on ne pourra, comme dans la visite des ani-

C'est là que commence une tribu remarquable à ses quatre pieds en forme de mains, ce qui a fait donner aux individus qui la composent la dénomination de *quadrumanes*.

Les huit premiers genres qui garnissent ces deux armoires, et partie de la troisième (jusqu'aux makis) ont été comprises, par plusieurs naturalistes, sous la dénomination de singes. Ces animaux sont tous originaires des contrées chaudes, soit de l'ancien, soit du nouveau continent, et vivent généralement de racines et de fruits, qu'ils se procurent en grimpant, avec une grande facilité, aux arbres, et s'aidant

---

maux de la grande galerie, aller successivement d'une armoire à l'autre ; mais l'indication que nous venons de donner annonce à l'avance que, lorsque nous traiterons d'un genre de l'un de ces grands animaux, il faudra aller devant l'armoire qui le renferme, laquelle est toujours le plus près possible du genre auquel il appartient.

quelquefois de leur queue, que l'on désigne alors sous le titre de *prenante.*

On voit que le nom de SINGE a été réservé ici aux quadrumanes sans queues, lesquels se rapprochent le plus, au premier aspect, de l'homme : c'est à cette ressemblance, bien imparfaite cependant, et sans doute aussi à son adresse, à son intelligence que le *satyre* doit le nom d'*orang-outang*, que les Indiens lui ont donné, et qui signifie homme sauvage. C'est de tous les animaux celui auquel on peut le plus facilement donner nos manières; il en est même que l'on élève à rendre en quelque sorte les services des domestiques.

Le *chimpanzé*, nommé aussi *jocko*, est un singe d'Afrique, que l'on a quelquefois confondu avec le précédent, dont il a toute l'intelligence; mais le *gibbon*, plus doux, plus docile, est moins adroit, et se trouve aux Indes orientales.

Les GUENONS, dont les variétés sont très-nombreuses, vivent généralement en troupes: elles habitent principalement l'Afrique, et font beaucoup de dégâts dans les champs cultivés. La *mone* se trouve aussi dans les contrées chaudes de l'Asie: c'est l'une de celles qui se plaisent le mieux dans nos climats, et dont le naturel est le plus doux. La plupart des *calitriches* sont plus connues sous la dénomination de *singes verts;* et il est inutile de répéter ici des faits dont quelques-uns tiennent un peu de l'exagération, et qui prouvent seulement que ces animaux varient leur industrie selon leurs besoins et les circonstances.

Leurs noms ne peignent point des habitudes particulières, mais des nuances dans les formes, dans les couleurs, et souvent leur ont été donnés par le caprice des voyageurs.

On doit remarquer que les guenons, ainsi que plusieurs autres genres de quadrumanes, ont des *abajoues* ; ce sont des espèces de poches ou *salles* placées au-dessous des joues, et dans lesquelles ces animaux mettent leurs provisions.

Les SAPAJOUS, les SAGOUINS et les ALOUATTES, sont les singes de l'Amérique : les premiers et les derniers ont cette sorte de queue que nous avons appelée prenante, et qui leur sert à grimper sur les arbres, et surtout à en descendre.

Le sapajou *sajou* est celui qu'on nomme aussi *singe capucin*, et qui multiplie assez facilement dans nos climats; la grace, la vivacité de ses manières, l'attachement qu'il a pour ses maîtres, l'aversion qu'il a pour les étrangers, le font rechercher. Les *coaitas* aiment la société de leurs pareils ; on assure qu'ils se servent de leur queue pour pêcher, et il paraît certain que ces animaux s'entr'aident, et s'en servent pour se suspendre les uns aux autres et s'élancer d'un arbre à l'autre. Le *saï* a été appelé singe *pleureur,* à cause de son petit cri plaintif, et *singe musqué,* parce qu'il a une odeur de mauvais musc : c'est, au surplus, le plus doux, le plus craintif des quadrumanes; mais le *saïmiri*, non moins agréable pour sa gentillesse, languit lorsqu'on le transporte dans les climats tempérés.

Le sagouin *marikina* est celui qu'on nomme vulgairement *singe-lion*, on ne sait trop pourquoi; il est moins délicat que le *pinche,* dont la voix claire ressemble à celle d'un oiseau; mais le plus rare des sagouins est le *mico*, fort difficile à transporter dans nos contrées, et auquel on préfèrera peut-être l'*ouistiti,* que l'on pourrait acclimater dans les contrées méridionales, et qui est fort intéressant sur - tout lorsqu'il voyage avec ses petits montés sur son dos. Il y a quelques mois que j'en ai vu un vivant et fort joli.

Les alouattes sont méchantes, sauvages, et s'apprivoisent difficilement;

mais dans l'état de liberté elles se rendent mutuellement des services. Comme elles ont dans la gorge une espèce d'instrument osseux avec lequel elles font beaucoup de bruit quand on les attaque, on les a nommées *singes hurleurs*.

Les BABOUINS sont féroces, et nous avons remarqué les principaux traits de leur caractère en visitant le papion de la ménagerie, (IIIe Promenade, page 95.) Les PONGOS, originaires de l'ile de Bornéo, ont à peu près le même naturel; et, quoique les MACAQUES soient généralement plus indociles, on parvient à les priver, et il n'est pas rare de voir en France des *magots* d'Afrique fort bien élevés. Le *bonnet chinois*, que nous avons vu dans la IIIe Promenade, appartient à ce genre.

Les traits généralement hideux dans lesquels on a cru retrouver quelques indices de la figure humaine n'existent plus dans les familles suivantes, on ne retrouve pas non plus dans les MAKIS la même adresse, la même intelligence : ce sont des animaux assez communs à Madagascar, et qu'on ne parvient à apprivoiser qu'avec beaucoup de soins; ceci s'applique particulièrement au *vari*, qui est à la fois le plus farouche et le plus turbulent des makis; le *mococo*, plus doux et non moins agile, se prive assez bien, mais en domesticité il devient silencieux. Les INDRIS et les LORIS diffèrent du précédent; les premiers se trouvent aussi à Madagascar, mais les seconds, dont la démarche ressemble assez à celle de nos chats, viennent des Indes orientales; ces animaux se nourrissent principalement de fruits, mais les TARSIERS et les GALAGOS vivent d'insectes, et doivent avoir la démarche encore plus lente que les loris paresseux.

La tribu qui suit n'ayant que les pieds de derrière en forme de mains, les animaux qui la composent en ont reçu la dénomination de *pédimanes* : c'est là que nous retrouverons des KANGUROOS semblables à ceux que nous avons vus vivans, (IIIe Promenade, page 137,) et sur les habitudes desquels il est inutile de revenir.

Les DIDELPHES doivent ce nom à la faculté qu'ont les femelles de mettre au jour leurs petits à peine formés, et avant même qu'ils puissent faire usage de leurs membres ; dans cet état ils sont suspendus à leurs mamelles, ou sont soutenus dans une poche placée sous le ventre : dans quelques espèces dont les femelles n'ont point ce sac, les petits se placent sur le dos de leur mère, en entortillant leur queue autour de la sienne, ainsi qu'on le voit ici dans un didelphe *cayopollin*, animal d'ailleurs fort stupide.

Ces animaux habitent l'Amérique, et sont généralement carnassiers : la plupart des espèces s'apprivoisent. Le *crabier* doit son nom à la nourriture qu'il préfère, c'est-à-dire aux crabes et autres crustacés qu'il prend, soit avec sa patte, soit avec sa queue : quoique ce didelphe, ainsi que le *virginien* et l'*opossum*, répandent une odeur fétide, les sauvages estiment leur chair, ce qui annonce que cette odeur ne réside que dans la peau ; les DASYURES sont fort rares et n'ont encore été vus qu'à la Nouvelle-Hollande ; c'est aussi là que l'on voit le PHALANGER volant, lequel voltige au moyen des ailes que forme la peau membraneuse qui s'étend de chaque côté de son corps entre ses pieds de devant et ceux de derrière ; mais les CŒSCOES, surnommés aussi *phalangers* à cause de leurs pieds de derrière, habitent les Indes orientales, et sont remarquables à leur queue écailleuse qui jouit de la faculté que les naturalistes nomment prenante.

L'AYE-AYE, qu'on n'a encore trouvé qu'à Madagascar, se sert, dit-on, du doigt grêle et très-alongé qu'il a à chaque pied de devant, pour retirer d'entre les fentes de l'écorce des arbres les larves d'insectes et les vers dont il fait sa nourriture.

Les animaux que nous allons parcourir se ressemblent par un caractère assez saillant : ils ont tous la plante des pieds articulée de manière à l'appuyer sur la terre quand ils marchent, ce qui a valu aux individus de cette tribu, assez nombreuse, la dénomination de *plantigrades*.

La stature de quelques-uns de ces animaux a forcé de les placer dans des armoires spacieuses : telle est celle du coin, dans laquelle nous verrons différentes races d'OURS. On se rappelle que nous avons donné quelques notions générales sur ce genre en visitant l'*ours blanc*, ou *maritime*, (IIIe Promenade, page 81;) l'*ours noir* diffère des autres variétés en ce qu'il préfère le miel et les fruits à la chair, tandis que celui de nos montagnes, qui est l'*ours brun*, aime mieux la chair que les fruits.

Ces derniers sont les mieux connus, parce que les habitans des montagnes, qui les chassent pour leurs peaux, en conduisent assez souvent dans les villes après leur avoir donné quelques talens; mais l'éducation change peu de chose aux manières lourdes et grossières qu'ils doivent à leurs membres épais, à leur corps trapu et couvert d'un poil long et touffu.

Qui pourrait penser, malgré ce portrait vrai, et dont chacun est à portée de vérifier l'exactitude, qu'il y a des pays où les ours sont les maîtres de danse des hommes ? C'est cependant ce qu'on observe au Kamchatka : là, les habitans ont transporté les gestes et les attitudes grossières de ces lourds animaux dans toutes leurs danses; [1] mais

---

[1] Ce fait est rapporté dans le troisième Voyage de Cook.

ce qui peut paraître plus extraordinaire, et donner une haute idée de l'intelligence de cet animal, c'est qu'il fut pour ce même peuple un instituteur de médecine et de botanique : c'est en épiant des ours malades, et en observant les plantes que ces animaux choisissent et mangent dans diverses maladies, ou qu'ils appliquent sur leurs blessures, que ces mêmes Kamtchadales sont devenus leurs propres médecins.

Les ours bruns aiment la solitude, et vont la chercher dans les forêts élevées ; c'est là qu'ils *hibernent* dans des trous qu'ils se creusent, c'est-à-dire, qu'ils passent la saison des froids dans une sorte de sommeil, d'engourdissement, sans prendre aucune espèce de nourritures. On sent bien que lorsqu'ils se réveillent de ce long sommeil, ils sont extrêmement maigres, car ils se sont nourris pendant plusieurs mois de leur propre substance, et n'ont nullement réparé ce qu'ils ont perdu par la transpiration ou autrement.

Le *blaireau* est un animal craintif, solitaire, habitant des bois sombres où il se creuse un terrier, et dont il ne sort que la nuit pour chasser avec ardeur et faire sa provision en petits lapins, lapereaux, œufs d'oiseaux, reptiles, etc. On apprivoise facilement les blaireaux, en les prenant fort jeunes dans leurs demeures souterraines. Le *raton* est un animal des climats chauds de l'Amérique, agile, vif et adroit, qui vit de plantes, d'insectes et de vers. Mais l'espèce la plus cruelle est celle à qui sa voracité a fait donner le nom de *glouton*. Cet animal paraît en effet insatiable, et règne sur les déserts du Nord par la ruse et la férocité. Lorsque la proie qu'il a long-temps guettée s'approche, il s'élance sur elle, se cramponne sur son dos, la dévore par parties, et finit toujours par lui donner la mort. Sa peau est une des fourrures les plus recherchées.

Les COATIS (à l'armoire précédente)

sont originaires des mêmes contrées que le raton, et ont à peu près les goûts de nos renards. La mobilité du nez donne à l'animal vivant une physionomie singulière.

Le KINKAJOU *poto* habite l'Amérique septentrionale. Il paraît qu'il voit assez bien dans l'obscurité; car il dort presque tout le jour, et a beaucoup des manières du chat lorsqu'il guette sa proie. On a observé que sa langue s'alongeait d'une façon fort extraordinaire.

Comme nous nous sommes occupés des mœurs des MAUGOUSTES en visitant la plus curieuse (IIIe Promenade, page 134), nous ne dirons qu'un mot du *surikate*, qui habite les terres montagneuses de l'Afrique, et qui s'apprivoise facilement. Le *grison* paraît être plus rare, et a été envoyé de Surinam sous le nom de belette grise.

Le HÉRISSON vulgaire est plus connu : on sait qu'il se creuse un terrier, dans lequel il passe l'hiver à dormir : c'est un animal craintif, et que j'ai eu assez de peine à apprivoiser. Tout le monde sait qu'il mange indistinctement des fruits et de la chair, et qu'il se roule en boule lorsqu'on l'attaque. Les TENRECS sont des espèces d'hérissons de Madagascar, qui ne se roulent point en boule comme les nôtres, et qui se plaisent beaucoup dans l'eau : leur chair est assez estimée des Indiens.

Quelques personnes reconnaîtront dans les MUSARAIGNES ces petits animaux appelés *musettes*, qu'elles ont sans doute plus d'une fois confondus avec des souris, et qui sont assez communs dans les granges et les greniers à foin ; mais les chats les distinguent bien de ces dernières à une odeur forte qui leur répugne : c'est par une suite de cette répugnance des chats qu'on a faussement cru les musaraignes venimeuses. Les DESMANS ont été appelés *musaraignes musquées*, à cause de leur odeur. Elles aiment les environs des sources, et sont communes dans le nord de l'Europe. Enfin l'animal nommé ici CHRYSOCHLORIS (dans un bocal) et remarquable à ses belles couleurs, est la *musaraigne dorée* de quelques naturalistes, appelée *taupe dorée* par d'autres, et qui se trouve au Cap de Bonne-Espérance.

La manière de vivre de la TAUPE d'Europe est d'autant plus connue que, depuis quelque temps, les journaux ont publié une foule de dissertations sur cet animal, et sur la manière de le détruire, qui a été l'objet d'un cours. Mais la taupe avait trop d'ennemis acharnés à sa perte pour qu'il ne se présentât pas d'officieux défenseurs : il s'en est en effet présenté qui, libres de tout esprit de parti, ont fait retentir dans leurs écrits la voix de la justice, de l'humanité.... Toute plaisanterie cessante, cet animal est digne d'intéresser par sa constance, les tendres soins qu'il prend de ses petits, l'industrie avec laquelle il construit leur berceau pour les mettre à l'abri des inondations, et cet amour du calme, de la retraite, qui lui fait trouver le bonheur là où d'autres ne verraient que l'ennui. La *taupe à crête* nous vient du Canada : les pointes cartilagineuses de son nez se meuvent à la volonté de l'animal.

Nous connaissons déjà les principaux traits de plusieurs individus des genres renfermés dans la sous-division suivante, qui est celle des *digitigrades* : dénomination indiquant que les animaux qui la composent marchent sur leurs doigts. Les quatre premiers genres renferment ceux qu'on a principalement appelés *carnassiers*.

On pense bien que nous ne nous arrêterons pas aux CHIENS proprement dits (dans les deux grandes armoires avant celle-ci), et aux nombreuses races obtenues par le mélange des variétés que le climat et d'autres circonstances ont pu occasionner dans l'espèce originelle, dont on croit que nos *chiens de bergers* et nos *chiens-loups* se rapprochent plus que d'autres. Tout le monde a été à portée d'apprécier, d'admirer la fidélité, l'attachement, le dévouement sans bornes de ces animaux ; mais, ce qui surprendra peut-être les gens du monde, c'est que ces chiens abandonnés dans des contrées désertes, et redevenus en quelque sorte sauvages, ont toute la cruauté et la lâcheté des loups : ce pouvoir de l'éducation sur les animaux suffirait pour donner une idée de ce qu'on doit en attendre sur des êtres plus raisonnables.

Comme nous avons vu des LOUPS et une HIÈNE à la ménagerie (IIIe Promenade, pages 88 et 93), nous nous arrêterons aux *chacals*, animaux assez communs en Asie et dans une partie de l'Afrique, et qui joignent à la férocité des loups quelques-unes des bonnes qualités des chiens : on les élève de même en domesticité ; mais, dans l'état naturel, ils sont voraces, carnassiers et déterrent les cadavres pour les dévorer. L'*isatis*, au contraire, ne se trouve qu'au Nord, dans les contrées désertes qui avoisinent la mer Glaciale : il a beaucoup des habitudes du renard ; mais, ne bornant pas sa chasse aux volailles, il vit aussi de lièvres et de petits quadrupèdes. Dans le commerce, sa fourrure, qui est très-estimée, est désignée comme appartenant à un animal appelé *renard bleu*. Nos *renards* sont trop célèbres par leurs ruses, pour qu'on puisse espérer de citer quelque fait qui ajoute à leur réputation.

Nous nous sommes occupés des mœurs des CIVETTES en visitant la ménagerie (IIIe Promenade, pag. 97). Le *zibeth* est la civette des Indes ; la *fossane* n'a point de poche odoriférante. Quoiqu'elle ait été nommée par quelques voyageurs *genette de Madagascar*, elle se trouve également en Asie et en Afrique, et l'on parvient difficilement à l'apprivoiser.

Les animaux compris ici sous le nom générique de MARTES vivent de sang, de chair, et recherchent les œufs des oiseaux. Comme leur corps, fort alongé, s'amincit encore au besoin, ils se glissent par des trous fort petits, et dévorent les oiseaux de basses-cours, qu'ils ont l'art de tuer en peu d'instans. Toutes les espèces de ce genre ont une odeur rebutante, et qui, dans quelques-unes, est si fétide, que le *putois*, par exemple, lui doit son nom.

Les *belettes*, les *fouines*, les putois et les *loutres*, sont les espèces communes dans nos climats. Les *martes* proprement dites y sont assez rares, et se trouvent en quantité dans le nord de l'ancien et du nouveau continent.

La peau de la marte est beaucoup plus estimée que celle des fouines ; celle de la loutre est assez recherchée : ce dernier animal, excellent nageur, vit aux bords des eaux.

La *saricovienne*, étrangère à nos contrées, habite les bords de la mer et des rivières, et s'y nourrit de coquillages, de crabes, etc. : sa peau fait une belle fourrure. Celle des *hermines* est très-estimée : elles habitent le Nord, sautent avec une telle adresse aux oreilles des plus gros quadrupèdes et oiseaux, et s'y accrochent avec un tel acharnement, que rarement leur proie leur échappe. La *zorille* est une espèce de *putois du Cap*, dont l'odeur fétide est encore plus repoussante que celle de l'animal de nos climats.

Les animaux les plus remarquables parmi les carnassiers sont placés dans les grandes armoires situées aux côtés de la croisée, et forment le genre FÉLIS, dont les individus ont reçu plus généralement la dénomination générique de CHATS. Les principaux ont passé sous nos yeux à la ménagerie : c'est là que nous avons vu les *lions*, les *tigres*, la *panthère*, le *léopard* et l'*ocelot*. (IIIe Promenade, page 83 et suiv.)

Le *serval* a la férocité des autres espèces ; mais, ne pouvant l'exercer sur de gros animaux, les oiseaux deviennent sa proie. Il habite les montagnes de l'Inde, établit sa demeure sur un arbre, et, sautant de branche en branche avec une agilité admirable, il parcourt en peu d'instans des portions considérables de forêts. Le *marguay*, non moins vorace, habite l'Amérique méridionale, et ne sort des rochers que la nuit pour aller chercher sa nourriture. Quoique le *couguar* ait à peu près le même naturel, la domesticité finit par le rendre aussi doux, aussi familier que nos chiens ; mais, dans les grandes forêts de l'Amérique, il exerce sur les espèces plus faibles ou moins cruelles que lui, un empire qu'il ne doit qu'à une férocité sans bornes. Avec les mêmes goûts, et moins de courage, le *caracal* est obligé de se contenter en quelque sorte des restes du lion qu'il suit à la piste : pris jeune et dressé, il est pour les Indiens aussi utile que le chien de chasse l'est pour nous. Plus connu, et sur-tout plus célèbre, par l'opinion exagérée que l'on a sur l'excellence de sa vue, le *lynx* habite de préférence le nord de l'Europe et de l'Amérique, où on le nomme aussi *loup-cervier* : ses habitudes ressemblent beaucoup à celles du couguar, mais sa férocité est plus grande encore; car, à peine il a égorgé un animal, qu'il en suce le sang, en mange la cervelle, et l'abandonne pour courir après une nouvelle proie.

La grande tribu des *rongeurs* est placée dans la première et partie de la seconde armoire à droite en entrant. Les mœurs des animaux du premier genre, celui des LIÈVRES, sont trop connues pour nous arrêter à les décrire.

Le PIKA, qu'il ne faut pas confondre avec le *paca*, qui est un agouti, se plaît sur les hautes montagnes du nord de l'Europe, et fait souvent des provisions que les chasseurs lui enlèvent pour leurs chevaux.

Le DAMAN se creuse des terriers dans les montagnes; mais dans les environs du Cap de Bonne-Espérance il fait son nid dans des crevasses de rocher.

Le CABIAI, originaire de l'Amérique méridionale, nage encore mieux qu'il ne court; aussi le trouve-t-on habituellement dans les terres basses : il se nourrit de grains, de fruits, de poissons, et s'apprivoise facilement : celui-ci est le cabiai *capy bara*; car le *cochon d'Inde*, qui est aussi un cabiai (c'est le *cobaya*), s'acclimate facilement en France, où l'on ne l'élève que par curiosité. Quant aux AGOUTIS, animaux de l'Amérique méridionale, que l'on chasse comme nos lapins, on les apprivoise facilement en les prenant jeunes. On est parvenu à en garder quelque temps en France. La chair de l'*agouti akouchi* est estimée : il vit dans les bois, et est plus facile à apprivoiser que le *paca*, dont les habitudes sont semblables à celles de nos lièvres, et que l'on chasse avec encore plus d'ardeur que les autres espèces, parce que sa chair est grasse et délicate, et que sa peau fait d'assez jolies fourrures.

Les CASTORS (placés dans le haut de l'armoire suivante) sont considérés depuis long-temps comme les animaux les plus industrieux du nord de l'Asie et de l'Amérique, car nos castors d'Europe, appelés *bièvres* en France, et qui sont assez communs dans les îles du Rhône, vivent solitaires dans des terriers, et n'offrent pas le même intérêt au chasseur par le peu de valeur de leur peau ; c'est donc aux castors étrangers qu'il faut rapporter les éloges mérités que tous les voyageurs donnent à ces animaux. Ceux-ci, non seulement, construisent en commun de petites huttes destinées à plusieurs individus, mais encore ils se réunissent souvent en grand nombre pour élever des digues qui traversent des courans d'eau considérables, et qui, par leur construction et leur solidité, ont toujours excité l'admiration des voyageurs : aussi bons charpentiers qu'adroits maçons, c'est avec leurs dents que les castors coupent les arbres dont ils font des pieux pour leurs constructions ; c'est avec leur queue écailleuse, en forme de truelle, qu'ils préparent la terre dont ils les revêtent ; c'est dans le corps même des digues qu'ils placent leurs habitations à double issue, l'une pour aller à terre, l'autre pour plonger sous l'eau, afin de se soustraire à leurs ennemis.

Les ONDATRAS (première armoire) habitent principalement le Canada, et ont beaucoup de l'industrie des castors dans la construction des petites huttes qu'ils placent auprès des rivières, et dans lesquelles ils pratiquent des gradins intérieurs pour n'être point surpris par la crue des eaux : c'est là qu'ils vivent tristement, sur-tout pendant l'hiver, temps où leurs cabanes sont couvertes de neige. Ces animaux que nous appelons aussi *rats musqués*, à cause de leur odeur, sont désignés par les sauvages sous la dénomination de *rats puans* : ce qui prouve que le proverbe vulgaire sur la variété des goûts pour les couleurs pourrait s'étendre aussi aux odeurs.

Comme nous avons décrit les mœurs de la MARMOTTE, (page 130 du tome Ier) nous passerons aux HAMSTERS, petits animaux qui font les plus grands dégâts dans les pays à blé du nord de l'Europe, où leur tête est souvent mise à prix : la voracité dans les animaux qui manquent de moyens pour faire des provisions, est beaucoup moins dangereuse que dans les hamsters ; en effet, ces derniers ayant des abajoues considérables, y placent une grande quantité de grains, de légumes de toute espèce, pour les déposer dans les vastes appartemens qu'ils se creusent sous terre avec un art et une patience que l'on serait plus tenté d'admirer s'ils ne les garnissaient pas à nos dépens : on se fera une idée de l'industrie de ces animaux, et du luxe qu'ils mettent dans leurs habitations, en apprenant que des familles nombreuses habitent des souterrains divisés en compartimens qui comprennent un espace de plus de huit pieds (2 met. 5) de diamètre.

Les RATS ordinaires ne sont que trop connus en France, et l'on assure que les rats *surmulots*, plus voraces et plus méchans encore, sont venus de la

Perse s'emparer de nos vieilles maisons, d'où ils ont presque chassé les rats d'Europe, leurs anciens possesseurs. Quant aux CAMPAGNOLS, qui sont considérés par nos cultivateurs comme des *rats des champs*, ils font le plus grand tort à nos cultures, et il y a des années tellement favorables à leur multiplication, que dans certains départemens l'apparition de ces animaux est le plus redoutable des fléaux.

Les LOIRS habitent les forêts des climats tempérés, et logent dans l'intérieur des arbres creux où ils restent engourdis pendant les grands froids. Dans les beaux jours, les loirs sautent de branche en branche, se nourrissent de fruits, et même de petits oiseaux qu'ils dénichent avec adresse. On fait maintenant peu de cas de leur chair, mais les anciens l'estimaient beaucoup.

Le TALPOÏDE est, je pense, le rat de Pologne, appelé aussi *rat-taupe*, dont une espèce, le *zemni*, est le seul des mammifères connus, qui soit naturellement aveugle; ses habitudes diffèrent peu de celles du hamster.

Les GERBOISES marchent, ou plutôt sautent habituellement debout, leurs pieds de devant cachés dans leur poil. Comme elles ont beaucoup des habitudes de nos lièvres, celle du cap de Bonne-Espérance est appelée *lièvre sauteur* ; il y a des gerboises dans la Tartarie et le nord de l'Afrique, qui paraissent être des espèces différentes de celles du Cap.

La gentillesse des ÉCUREUILS vulgaires est connue, et l'on sait qu'ils habitent nos forêts, nichent sur les arbres, et se nourrissent de fruits; les espèces étrangères paraissent avoir les mêmes goûts : le *palmiste* doit son nom aux palmiers sur lesquels il se tient habituellement; le *barbaresque* aux contrées qu'il fréquente; le *suisse* est le même qu'on a nommé *écureuil de terre,* parce qu'il s'y tient plus souvent que sur les arbres. Le *petit gris*, dont la peau est une fourrure fort chère, habite les parties septentrionales de l'un et de l'autre continent. Quant à l'*écureuil de Madagascar*, il paraît qu'il ne s'apprivoise pas; mais les espèces les plus curieuses sont les *polatouches* et les *taguans* : ces grandes peaux, placées le long du corps, s'étendent lorsqu'ils sautent, et, en les soutenant quelque temps en l'air, les aident à franchir des espaces assez considérables : les premiers habitent principalement le nord : le taguan se trouve aux îles Moluques.

Le PORC-ÉPIC vulgaire habite les climats chauds de l'Europe, et se creuse des terriers à plusieurs loges; il vit de fruits, de grains, et, quoiqu'il soit d'un naturel assez doux, il ne s'apprivoise jamais bien. Comme ses piquans tiennent peu à sa peau, et qu'il les meut à volonté, quelques voyageurs, qui sans doute auront voulu prendre des porcs-épics sans précaution, en ayant arraché en se blessant, ont publié que ces animaux lançaient leurs piquans comme on lance des dards. L'espèce appelée *urson* habite le nord de l'Amérique; les sauvages mangent sa chair comme on mange en Europe celle du porc-épic vulgaire; mais l'urson n'ayant pas autant de piquans, ils les arrachent, s'en servent au lieu d'aiguilles et d'épingles, et font une fourrure avec la peau.

Le COUENDOU est un porc-épic à queue prenante, dont il se sert, sans doute, pour grimper de branche en branche dans les forêts élevées de l'Amérique : quoiqu'il préfère la chair aux grains, on l'apprivoise avec facilité; sa chair est fort estimée.

Il est peu de physionomies aussi curieuses que celles des PARESSEUX, (à l'armoire placée à l'autre côté de la porte) animaux misérables qui doivent ce nom moins à leur naturel, qu'à leur bizarre conformation, seule cause de leur lenteur : habitans des contrées méridionales et désertes des deux mondes, ils ne multiplient sans doute que là où ils n'ont pas d'ennemis, car rien ne saurait les soustraire à leur recherche, puisqu'ils marchent si lentement, qu'ils sont quelquefois plusieurs jours pour aller d'un arbre à l'autre, afin de manger les feuilles qui font leur principale nourriture.

Les TATOUS ne sont pas moins singuliers; comme ils ne peuvent ni courir, ni grimper, ils n'ont d'autres moyens de se soustraire à leurs ennemis que de rentrer dans leurs terriers, ou de se creuser des trous à la hâte. Quand on les touche ils se resserrent, se roulent et l'on a beaucoup de peine à les faire étendre. Ce sont, au surplus, des animaux fort doux, et qui ne font tort qu'aux potagers lorsqu'ils peuvent y entrer ; car la plupart vivent, non seulement de vers et d'insectes, mais aussi de fruits et de légumes. Quoique toutes les espèces de tatous habitent l'Amérique, on en a élevé en France. Dans leur pays natal on les chasse pour leur chair, qui est fort bonne, et pour leur têt, dont les sauvages font des boîtes, des corbeilles, qu'ils peignent de diverses couleurs.

L'Amérique méridionale est la patrie des FOURMILIERS proprement dits; ceux-ci ne marchent pas mieux que les tatous; cependant quelques espèces, et principalement le *tamanoir*, se défendent avec leurs griffes contre les animaux les plus vigoureux, et déchirent les chiens qu'on lâche à leur poursuite. Ils se nourrissent principalement d'insectes, et sur-tout de fourmis qui s'attachent facilement à leur langue extrêmement longue et visqueuse: ils l'introduisent aussi dans le miel des abeilles sauvages qu'ils aiment beaucoup. Leur chair est moins bonne que celle des tatous, mais les habitans peu aisés la mangent.

Les PANGOLINS habitent l'Afrique;

et, comme ils vivent d'insectes, et particulièrement de fourmis, on les a aussi appelés *fourmiliers écailleux*; ces animaux ont un naturel fort doux; quand on les attaque, ils se roulent en boule, et n'opposent que leur têt qui, loin de fléchir comme celui des tatous, résiste à la dent des animaux carnassiers.

L'ORYCTÉROPE et l'ECHNIDÉ, deux animaux assez rares, ont été réunis par quelques naturalistes avec les fourmiliers, parce que le premier, qui habite l'Afrique, aime beaucoup les fourmis. Le second vient de la Nouvelle-Hollande, et a été quelquefois indiqué comme un fourmilier écailleux; mais l'oryctérope a des dents et les fourmiliers n'en ont pas.

Tous les quadrupèdes qui nous restent à voir (les chouettes et autres animaux qui ont des membranes en forme d'ailes exceptés) ont les doigts renfermés dans une peau épaisse ou dans plus de deux sabots, ce sont les *pachy-*

dermes ; ou bien n'ont que deux sabots, ce sont les *bisulques*, qui comprennent les *ruminans ;* ou enfin n'ont qu'un seul sabot, comme le cheval, et se nomment en conséquence *solipèdes.*

Dans la première tribu se trouve l'un des plus grands animaux connus, l'HYPPOPOTAME, que quelques auteurs ont nommé *cheval marin*, parce qu'il habite de grands fleuves, et qu'il plonge avec la plus grande facilité ; mais rien ne le rapproche du cheval, dont les formes gracieuses, la tête élégante, contrastent, au contraire, de la manière la plus frappante, avec le corps lourd et la tête hideuse de l'hyppopotame. Au surplus, cet animal, dont l'aspect a quelque chose d'effrayant, est d'un naturel assez doux, et préfère les plantes aux poissons des fleuves qu'il fréquente : aussi le chasse-t-on loin des terres cultivées, dans lesquelles il ferait beaucoup de dégât. Pour prouver que les hyppopotames sont féroces, on a dit qu'ils se battaient quelquefois entre eux avec acharnement, sans doute pour leurs femelles ou pour leur nourriture, et que, lorsqu'on les irritait, ils entraient en fureur : mais nos chiens, modèles de toutes les bonnes qualités, se battent également entre eux, pour les mêmes causes, et ne sont pas plus patiens que d'autres animaux, lorsqu'on les irrite.

Le COCHON (à l'armoire à côté de celle de l'éléphant) est trop connu pour que nous devions nous y arrêter. On croit généralement que le *sanglier* est l'espèce sauvage, et que nos cochons domestiques, abandonnés dans les terres inhabitées de l'Amérique, y sont redevenus presqu'à leur état primitif. Nos sangliers sont moins féroces que le *peccari*, appelé aussi *tajacu*, qui habite l'Amérique méridionale, et sur-tout que le *cochon* ou sanglier *éthiopien*, habitant de l'intérieur de l'Afrique. Cependant les peccaris se privent, et peuvent se nourrir comme nos cochons, mais ne sont jamais aussi familiers que ces derniers. Le peccari offre une particularité assez remarquable, c'est une ouverture placée sur le dos, d'où suinte une humeur huileuse dont l'odeur est fort désagréable, et qui infecte toute la chair, si on n'a pas l'attention, au moment où on le tue, de lui enlever la glande qui la fournit.

Le *babiroussa* se trouve aux Indes orientales : il a les mêmes habitudes que le précédent, et s'apprivoise également. Ses défenses lui servent à s'accrocher aux branches d'arbres, lorsqu'il veut dormir debout ou se reposer.

Le TAPIR, qui a quelque ressemblance avec les précédens, en diffère beaucoup par le naturel ; car il est doux, paisible, même triste, et se nourrit principalement de plantes. Il établit sa demeure au bord des eaux, se sauve à la nage quand il est poursuivi ; et, quoiqu'il soit l'un des plus grands animaux de l'Amérique, il n'attaque jamais les autres.

La visite que nous avons faite aux ÉLÉPHANS vivans (tome Ier, p. 146) a été l'une des plus agréables de notre promenade à la ménagerie : il est donc inutile de nous arrêter à ceux qui sont ici. L'on a beaucoup écrit sur la première entrevue de l'éléphant femelle et de son nouveau compagnon ; quelques personnes, à qui on en a rapporté les détails, ont cru que la défiance que ces animaux ont montrée l'un pour l'autre au premier abord, détruisait toutes les observations de Buffon et des autres naturalistes sur ces intéressans animaux. Et moi aussi j'étais présent à l'entrevue ; et tout ce dont j'ai été témoin n'a point affaibli l'idée que j'avais conçue de leur intelligence. Mais le propre des personnes peu instruites est de saisir avec une innocente satisfaction des détails, souvent inexacts, pour les tourner contre les hommes qui ont passé leur vie à observer la nature. Ainsi l'on s'est hâté de raisonner sur les éléphans mâle et femelle de la ménagerie comme on le ferait sur les éléphans sauvages..... Mais pourquoi répondre à des hommes qui croient pouvoir couvrir avec quelques lignes irréfléchies les pages immortelles de Buffon ? Ne faut-il pas que la médiocrité ait quelques dédommagemens dans un siècle où les sciences brillent d'un éclat si pur ! La vengeance, on le sait, n'est pas seulement le plaisir des dieux : d'ailleurs, les savans, les hommes studieux, ont assez de jouissances, et peuvent bien laisser quelques instans de plaisir aux sots.

Pour moi, satisfait de rappeler aux personnes qui m'accompagnent dans ces promenades les observations recueillies par des hommes justement célèbres, ce n'est qu'avec les ménagemens dus aux autorités les plus imposantes, que je me permets d'ajouter mes propres remarques à celles qu'ils ont faites.

Les RHINOCÉROS (placés hors des armoires) sont des animaux lourds, stupides, qui se plaisent dans les lieux solitaires et marécageux. Quoiqu'ils ne soient pas très-féroces, ils sont cependant indomptables, et ne s'apprivoisent point comme les éléphans, avec lesquels ils se battent quelquefois. Celui d'Asie n'a qu'une corne; mais celui d'Afrique en a deux; et, comme elles ne tiennent qu'à la peau, l'animal les meut en même temps que son nez : ce sont là les armes qui rendent le rhinocéros redoutable pour les ennemis qui tentent de l'attaquer.

Le principal genre de la seconde division (celle des ruminans) est le CHAMEAU, dont nous avons vu les deux espèces ou variétés connues. (Promenade à la ménagerie, page 153 du tome Ier.) Aussi célèbre, mais moins utile, le CHEVROTAIN, *porte-musc*, appelé quelquefois simplement le *musc*, fixera un instant notre attention (armoire à côté de celle des sangliers) : ce joli animal habite les contrées situées à l'orient de l'Asie ; et l'on croit qu'avec quelques soins, on pourrait l'acclimater dans les contrées tempérées. Son parfum, autrefois si recherché, et qui passe un peu de mode, est renfermé dans une bourse placée au nombril de l'animal. D'autres espèces de chevrotains n'ont point de musc, et habitent les climats chauds. On chasse ceux-ci pour leur chair, qui est délicate. Parmi les espèces curieuses, on remarquera le *mémina*, qui se trouve aux Indes, et le *chevrotain pygmée*, dont un individu très-petit est placé ici sous verre.

On a vu plusieurs espèces et variétés de CERFS et de *daims* dans les parcs (IIIe Promenade, page 141);

et j'ai fait remarquer, en les visitant, que les mœurs des espèces étrangères différaient peu de celles des nôtres. Le *renne* est l'une des plus utiles pour les habitans des climats très-froids : cet animal, la principale richesse des Samoïèdes et des Lapons, leur est également utile pendant sa vie et après sa mort : vivant, il sert de bête de trait, et fait jusqu'à trente lieues par jour ; il marche avec facilité sur la neige gelée, et se nourrit, pendant la saison la plus rigoureuse, d'une petite plante (le *lichen* des rennes) qu'il sait trouver sous la neige : le lait des femelles est une boisson saine ; battu, on en retire une espèce de suif, et l'on en peut faire de bons fromages : leur poil peut se filer pour des étoffes grossières : mort, la chair du renne est une bonne nourriture ; sa peau fait du cuir ou même des fourrures ; enfin leurs nerfs, et presque toutes les autres parties de l'animal, sont d'un usage général pour ces peuples : aussi entretiennent-ils des troupeaux nombreux de ces animaux.

La GIRAFE, sur laquelle les regards se seront arrêtés en entrant dans cette salle, est un animal d'un naturel fort doux, assez commun dans l'intérieur de l'Afrique, et dont on ne peut tirer aucun parti comme monture, à cause de la longueur disproportionnée de ses jambes de devant.

Quoique les ANTILOPES diffèrent peu des cerfs, quant à la physionomie, au port, à la taille, elles ont cependant un caractère distinctif dépendant de leur organisation, c'est la permanence de leurs cornes creuses, et d'une nature toute différente de celles des animaux du genre des cerfs. C'est principalement l'animal désigné sous la dénomination d'*antilope de l'Inde* (antilope cervicapra), qui est l'antilope proprement dite : le *nilgault* se trouve dans les mêmes contrées. Le *guib*, qui vit en grandes troupes dans les forêts et les plaines du Sénégal ; le *bubale*, commun dans les contrées septentrionales de l'Afrique, et qui, malgré sa laideur, a le naturel aussi doux que les autres ; les *gazelles*, que l'on trouve dans les mêmes climats, et aux tendres yeux desquelles l'on compare, dans tout l'Orient, les yeux de la femme que l'on aime ; le *kevel*, que des naturalistes considèrent comme une gazelle du Sénégal ; les *chamois*, communs sur les Alpes et les Pyrénées : enfin le *condoma*, qui se trouve au cap de Bonne-Espérance, et qui s'élève, en sautant, à une hauteur considérable, sont autant d'espèces d'antilopes, dont les goûts et les habitudes diffèrent peu de ceux de nos cerfs.

Nous croyons inutile de revenir ici sur les animaux des genres des CHÈVRES, des BREBIS et des BŒUFS, dont nous avons vu vivantes les espèces les plus curieuses, dans la Promenade qui a eu pour objet la visite de la ménagerie. (Tom. Ier, pag. 158, 163 et suiv.)

Le dernier genre de cette grande division des quadrupèdes mammifères comprend les espèces ou variétés du CHEVAL, parmi lesquelles nous voyons ici le *zèbre* (à la seconde armoire à droite en entrant), et le *couaga* (dans le milieu de la salle), jolis quadrupèdes d'Afrique, dont l'utilité pour l'homme ne peut se comparer à celle du cheval. Les habitans du Cap sont cependant parvenus à dompter les couagas et à les atteler à des voitures; mais les zèbres sont encore sauvages, et, quoique ces animaux se ressemblent, on assure qu'ils ne vont jamais ensemble.[1]

---

[1] Il me paraît inutile de donner la description des individus peu nombreux des autres sous-divisions des mammifères, dont quelques espèces seulement, que nous allons indiquer, se voient dans cette collection. La première de ces sous-divisions est celle des *mammi-*

Devons-nous, pour compléter nos Promenades zoologiques, jeter un coup

---

fères ailés, c'est-à-dire de ces animaux qui, tels que les chauve-souris, ont des ailes membraneuses. Ils sont généralement carnassiers, se nourrissent d'insectes, de fruits, et quelquefois de chair. M. Geoffroy a rapporté de son voyage en Égypte plusieurs espèces jusqu'ici inconnues ; ces découvertes, en enrichissant cette collection, sont très-précieuses pour les progrès de la zoologie en général. Les mammifères ailés ont deux mamelles à la poitrine, auxquelles se suspendent quelquefois leurs petits, quand les femelles volent ; la plupart des espèces ne sortent que le soir, s'engourdissent pendant les grands froids : les CHAUVE-SOURIS sont de ce nombre ; les RHINOLPHES, dont quelques espèces, telles que le *fer à cheval*, habitent nos contrées, ont une crête sur le nez, qui a diverses formes et qu'il ne faut pas confondre avec la membrane que les PHYLLOSTOMES ont aussi sur le nez, et qui ressemble toujours à une feuille dont la forme varie aussi dans chaque race ; celles-ci se trouvent dans les pays chauds ; on les distingne facilement des d'œil sur le premier des animaux, sur celui qui, ainsi que je l'ai dit plus haut,

---

SPECTRES, très-grandes chauves-souris, assez communes dans les Indes, dans l'Afrique, et dont on a exagéré l'adresse et la méchanceté; on a prétendu qu'elles suçaient le sang des hommes et des animaux avec leur langue hérissée de petites pointes recourbées en arrière, et qu'elles avaient l'art de les épuiser ainsi sans les éveiller; aussi une espèce a-t-elle été appelée *vampire*. On remarque parmi ces singuliers animaux les NOCTILIONS, qui habitent également les pays chauds, et qui ont une physionomie hideuse. Les GALÉOPITHÈQUES, appelés aussi chats volans, se trouvent aux îles Moluques : comme leurs doigts sont moins alongés, ils ne peuvent que voltiger : nous en voyons ici deux individus. (Iere armoire, à droite en entrant.)

La deuxième sous-division, moins nombreuse encore en espèces connues, renferme les *mammifères marins :* ce sont ces animaux que les gens du monde confondent habituellement avec les poissons, parce que les uns, appelés *empêtrés*, à cause de leurs pieds, me paraît former à lui seul une classe composée d'une seule espèce, et de plu-

---

en forme de nageoires, paissent sur les rivages et les bas-fonds des mers, et les autres, nommés *cétacés*, restent constamment dans la mer; mais les uns et les autres ne pourraient y vivre long-temps sans venir à sa surface respirer l'air : c'est parmi les empêtrés que sont placés les PHOQUES, dont on voit ici quelques individus, (même armoire que l'hyppopotame) : ceux qui ont une crinière sur le cou, ou une crête sur le nez, sont plus connus sous la dénomination de *lions marins*; les autres, communs dans toutes les mers, sont appelés, vulgairement, *veaux marins*, et s'apprivoisent assez facilement. A côté l'on a placé des fœtus de LAMANTINS, animaux dont le naturel est aussi doux, et qui ressemblent encore davantage à des poissons; ceux-ci ne se trouvent guère que dans les mers équatoriales. C'est à la tribu des cétacés qu'appartient le DAUPHIN, dont on voit que la forme diffère beaucoup de celle que les peintres et les poètes ont donnée à cet animal. Le trou que l'on remarque au-dessus de sa tête est formé par la réunion de ses deux sieurs races ou variétés; sur l'HOMME enfin, le plus parfait des animaux, si nous le considérons en naturalistes, le plus imparfait, peut-être, si nous l'envisageons en historiens philosophes? Non: l'un ou l'autre de ces points de vue nous ferait également sortir de la carrière modeste que nous nous sommes tracée. D'ailleurs, serait-il décent, dans des promenades où je desire être accompagné par tous les âges, tous les sexes, de faire tomber l'habit court mais épais qui couvre les hommes, le vêtement long mais léger qui couvre

narines ou *évents*: c'est par là que les cétacés lancent l'eau en jet plus ou moins élevé: les dauphins vivent de poissons: enfin les longues défenses que nous avons vues dans la quatrième Promenade, (tome Ier, page 184) appartiennent au *narval*, cétacé redoutable même pour la baleine, et tout le monde sait que cette dernière est non seulement le plus grand de cette division, mais encore le plus grand des animaux connus.

les dames !... Notre espèce est semblable en ceci seulement à la vérité, et ce n'est que pour le naturaliste qui veut fouiller les profondeurs de la science, ou pour l'élève de Praxitèle, qu'elle doit s'offrir dans toute sa nudité.

FIN DE LA DERNIÈRE PROMENADE.

NOTICES ESSENTIELLES

SUR

Les autres parties de cet Établissement, les distributions gratuites de plantes, la collection d'anatomie comparée, la bibliothèque, les cours publics, les professeurs, etc.

Pour avoir une connaissance complète des différentes parties de cet établissement, et des ressources qu'il offre aux personnes qui se vouent à l'étude de l'histoire naturelle, nous réunirons ici quelques notions qui, par leur objet, ne pouvaient trouver place dans nos Promenades.

DISTRIBUTION DE PLANTES, GRAINES, etc.

Nous ne pouvions visiter l'école des arbres fruitiers et celle des plantes d'usage dans l'écomie rurale et domestique, (page 48 à 56 du tome Ier) sans faire mention des secours que l'agriculture, le jardinage, les arts, en retirent, non seulement par l'application des préceptes exposés dans le cours de culture et de naturalisation des végétaux, mais aussi par le grand nombre de plants, et de semences qui en sortent annuellement : on se fera une idée des secours que les agriculteurs, et en général toutes les personnes qui se vouent à l'étude des plantes, trouvent dans ce vaste dépôt, lorsqu'on saura que, dans les derniers mois de l'an 9, et pendant l'an 10, le Muséum a distribué environ quinze mille arbres, arbustes, plantes vivaces, greffes, boutures, bulbes, etc., et près de soixante-dix mille paquets de graines propres à être semées.

Ces distributions se font non seulement à des écoles centrales, sociétés d'agriculture, jardins nationaux et coloniaux, mais encore à des propriétaires français et étrangers, correspondans ou amateurs, et quelquefois en échange d'envois utiles au Muséum.

COLLECTION D'ANATOMIE COMPARÉE.

Nous avons indiqué en peu de mots l'objet de cette utile collection, (deuxième Promenade, page 71) et quoiqu'elle ne soit pas pour les gens du monde d'un intérêt aussi général que les autres, les personnes qui ont quelques notions d'histoire naturelle sentiront quels progrès elle devra à la comparaison des différens organes des animaux ; il ne faut d'ailleurs avoir suivi que quelques séances du cours dont cette étude est l'objet pour apprécier ceux qu'elle a faits depuis quelques années. Je ne crains pas de dire que c'est à cette étude approfondie que la zoologie sera redevable de l'avantage d'être placée au rang des sciences et d'une classification plus naturelle des animaux.

Les personnes auxquelles les différentes pièces de cette collection peuvent fournir d'utiles observations en trouveront le détail dans les annales du Muséum, recueil très-précieux pour les savans et les amis des sciences naturelles.

Cette collection, qui, sous Buffon se montait à peine à environ 600 préparations, tant osseuses que molles, conservées dans l'esprit de vin, est portée aujourd'hui à 2871 préparations, dont 1239 osseuses, et 1632 molles, toutes distribuées d'après les organes dont elles sont destinées à faire connaître la structure.

BIBLIOTHÈQUE DU MUSÉUM.

Cette bibliothèque est un de ces monumens précieux pour l'étude de l'histoire naturelle qui avait échappé au zèle que Buffon a montré pour ses progrès ; ce n'est même qu'après sa mort que le Muséum a vu se former dans son sein, par les soins de M. A. L. Jussieu, ce recueil des ouvrages les plus célèbres et les plus utiles sur les diverses parties de l'étude de la nature : on pense bien qu'il est loin d'être complet ; une partie des livres modernes, et un grand nombre d'ouvrages étrangers manquent encore, mais on doit espérer du zèle éclairé qui anime les administrateurs de cet établissement, et des correspondances étendues qu'ils ont dans les diverses parties du monde savant un accroissement rapide, qui donnera à ce dépôt toute l'étendue dont il est susceptible.

Cette bibliothèque est publique le même jour et aux mêmes heures que les galeries ; mais, les jours destinés à l'étude, on n'y admet que les lecteurs. (*Voyez* page 380.)

La statue pédestre de Buffon, faite de son vivant par les ordres du gouvernement, est placée dans cette bibliothèque.

M. *Toscan* que nous avons eu occasion de nommer dans le cours de nos promenades, est bibliothècaire ; M. *Mordant de Launay* est sous bibliothécaire.

COURS PUBLICS.

Il est des connaissances dont tout le monde ne peut apprécier l'importance, et des arts dont l'utilité a besoin, en quelque sorte, d'être démontrée; tels sont ceux qu'on appelle assez improprement les beaux arts : l'influence de ceux-ci sur le bonheur public, quoique bien réelle, n'est cependant pas généralement sentie; mais qui pourrait nier l'utilité, ou même l'indispensable nécessité de l'étude des êtres naturels auxquels nos jouissances, nos besoins, notre existence sont liés ? Qui pourrait nier l'utilité de l'étude des corps, dont l'emploi alimente l'industrie, le commerce, tous les arts, et contribue aussi directement à tous les genres de prospérité publique ? Telle est l'étude de l'histoire naturelle, à laquelle ce vaste établissement est consacré. Telle est le but de l'instruction que l'on y donne avec autant de variété que d'intérêt, je dirais même avec prodigalité, si l'on pouvait être prodigue dans l'enseignement de connaissances aussi intimement liées au bonheur de toutes les classes de citoyens.

Je vais présenter une notice des cours annuels qui se font au Muséum : ce simple énoncé renfermant le plus bel éloge que l'on puisse faire de cette institution.

Chaque année, dans les premiers mois de printemps, les cours s'ouvrent successivement, et sont distribués pour les jours et les heures, de manière que la même personne peut, non seulement les suivre tous, mais encore se livrer à l'étude dans *les galeries ouvertes aux élèves* les lundis, mercredis et samedis, depuis onze heures jusqu'à deux : *les jours publics* étant les mardis et vendredis après midi.

Le cours qui commence ordinairement le premier est celui *de physiologie végétale et de botanique ;* c'est au mois de germinal que l'ouverture s'en fait ; les amis des plantes aiment à voir lever le soleil, aussi les séances commencent-elles à sept heures du matin, ce qui n'empêche pas quelques dames de les suivre assiduement. L'ouverture du *cours de botanique à la campagne* suit de près celui du Muséum ; il est utile sur-tout pour les personnes qui ont déjà quelques connaissances botaniques : ce sont des promenades aussi agréables qu'instructives dans les plaines et les bois des environs de Paris, et qui rappellent quelques institutions des Grecs. L'ouverture de ce cours, ainsi que celle de tous les autres, est annoncée publiquement ; et, quant aux endroits dans lesquels on doit herboriser, des affiches particulières posées à l'entrée du jardin de l'école et de l'amphithéâtre, les désignent, ainsi que le jour, (c'est ordinairement les jeudis) l'heure et le lieu du rendez-vous. Chacune de ces courses intéressantes dure deux à trois heures : celles qui se font à quatre ou cinq lieues de Paris sont ordinairement terminées par dîner champêtre qu'on prendrait pour un re de famille.

Le *cours de culture et de naturalisa des végétaux* démontre des connaissances tiques que l'on ne peut enseigner avec m et intérêt que dans cet établissement. Il d'ordinaire dans une salle d'un bâtime signé sur le plan : chaque séance comm de très-bonne heure, parce que les cultivat les jardiniers, se lèvent avec le jour, et pe vent le suivre sans nuire à leurs travaux. Ce cours est d'ailleurs suivi par beaucoup d'amateurs qui aiment à cultiver les plantes, ou qui se destinent à des voyages utiles : c'est là que l'on fait l'application et le développement des principes de physiologie végétale, et que la science se revêt, en quelque sorte, d'une enveloppe simple, qui contribue à la répandre dans nos campagnes.

Le *cours de minéralogie*, et ceux qui ont pour objet le règne animal, s'ouvrent successivement dans le courant des deux mois suivans; ceux-ci se font d'ordinaire dans les galeries du Muséum, afin de faire subir le moins de déplacement possible aux objets que l'on met sous les yeux des élèves; et, l'on a vu que pour le cours de minéralogie, par exemple, on a multiplié les moyens de rendre sensible la formation des cristaux.

L'enseignement, qui a pour objet la connaissance du règne animal, forme trois divisions, partagées entre trois professeurs. Un seul est chargé de démontrer les *mammifères et les oiseaux*; un autre *les poissons et les reptiles*; un troisième enfin démontre toutes les autres classes comprises sous la dénomination d'*animaux sans vertèbres* : cette dénomination, qui partage tout le règne animal en deux grandes divisions, est le résultat des observations de M. Lamarck.

Un cours non moins important, puisque les connaissances qu'on y donne concourent à éclairer toutes les autres, est celui de *chimie générale*; c'est aussi un des plus de suivis. Le nom du professeur indique d'ailleurs que ce cours est fait avec une clarté qui, étant le résultat d'une profonde conviction et d'un grand talent, suffirait pour faire des prosélytes à la science, lors même qu'il n'y joindrait pas cette éloquence qui entraîne les personnes que le mot de chimie avait jusque là épouvantées; ce cours se fait dans l'amphithéâtre.

Le cours *de géologie*, ou d'*histoire naturelle du globe*, présente une série de faits qui contribuent à éclairer une science peu avancée jusqu'à ce jour. Le professeur, en rapprochant ces faits, en mettant sous les yeux une foule de corps fossiles appartenant à toutes les classes, donne d'autant plus d'intérêt à cette démonstration, qu'il a vu les lieux où gissaient la plupart de ces corps, les cavernes qui les recélaient, et que les réflexions qu'il en déduit en acquièrent plus de force.

L'application des sciences aux arts, la technologie proprement dite, est trop négligée en France; je me suis déjà élevé contre ce délaissement [1] et c'est peut-être à cette sollicitude pour les progrès des arts qu'est dû le succès de mon ouvrage, dans les pays où il a été traduit. Le *cours de chimie appliquée aux arts*, qui se fait tous les ans au Muséum, remplit une partie de l'instruction qu'il serait utile

[1] Dans l'ouvrage intitulé : *Paris à la fin du dix-huitième siècle.*

qu'on étendit à l'application des autres sciences aux arts en général sur lesquels repose la prospérité des empires.

L'*anatomie comparée des animaux* fut long-temps limitée par les bornes mêmes de nos connaissances ; long-temps les comparaisons relatives à l'organisation des animaux se bornèrent presqu'aux seuls quadrupèdes, et l'on a pu voir dans les œuvres de Buffon que Daubenton s'était principalement chargé de cette partie ; mais le gouvernement, sentant que l'anatomie des animaux des diverses classes aussi utile, et peut-être plus curieuse, éclairerait l'ensemble de nos connaissances, et ferait envisager la zoologie sous un nouveau point de vue, créa, il y a environ dix ans, ce cours dont j'ai tâché d'indiquer l'utilité, en donnant une notice sur la collection d'anatomie comparée.

Ce cours se fait l'après-midi dans l'amphithéâtre. Les dames n'y sont point admises, à moins qu'elles n'exercent une profession qui leur rende nécessaire le genre de connaissances qu'on y professe.

Un cours annuel qui, s'ouvre vers la fin de l'été dans la bibliothèque, a pour objet d'enseigner à *dessiner et à peindre les productions de la nature*, ou l'*iconographie* ; tout le monde est à portée de sentir combien ce genre d'études est à la fois agréable et utile.

Enfin le cours d'*anatomie humaine* complète l'instruction que l'on vient chercher dans cet établissement ; il s'ouvre dans le premier mois d'automne, et se fait l'après-midi.

Il me paraît inutile d'entrer dans des détails sur ces cours ; parce qu'on pourrait penser que mes réflexions sont le résultat d'un penchant particulier pour quelque partie de la science : et, quant à mon opinion sur les dépositaires de ce vaste trésor, elle est toute entière dans quelques lignes de l'introduction à ces Promenades. [1]

NOMS DES PROFESSEURS.

HAUY, minéralogie.

FAUJAS SAINT-FOND, géologie ou histoire naturelle du globe.

FOURCROI, chimie générale.

BRONGNIART, chimie des arts.

DESFONTAINES, botanique au Muséum.

A. L. JUSSIEU, botanique à la campagne.

A. THOUIN, culture et naturalisation des végétaux.

---

[1] Tome premier, page 3.

GEOFFROY, mammifères et oiseaux.
LACÉPEDE, reptiles et poissons.
LAMARCK, insectes, coquilles, madrépores, etc.
PORTAL, anatomie de l'homme.
CUVIER, anatomie des animaux.
VANSPAENDONCK, iconographie, ou l'art de dessiner et de peindre les productions de la nature.

A ces noms, qui tous rappellent un ou plusieurs ouvrages utiles, on doit joindre ceux des aides-naturalistes chargés de seconder les professeurs dans les travaux relatifs aux cours, et à l'arrangement des objets. Quelques-uns même les remplacent, lorsque l'absence, les maladies, ou des circonstances particulières les empêchent de faire les cours dont ils sont chargés : cette dernière observation annonce que ces aides-naturalistes seraient eux-mêmes des professeurs distingués dans d'autres établissemens ; et, en effet, leurs noms sont tous connus dans les sciences ou la littérature.

Les aides naturalistes sont : MM. *Valencienne*, *Dufresne*, *Desmoulins*, *Deleuse*, *Duméril*, *Mirbel*.

Les autres personnes chargées de diverses

parties relatives à la conservation et à l'entretien de ce vaste dépôt, présentent à la confiance publique, soit quelque ouvrage estimé, tel est M. Lucas fils, adjoint à M. son père; soit leurs noms même, bien connus des personnes qui fréquentent cet établissement, et auxquels se lient des souvenirs et des idées qui les rendent recommandables; tels sont ceux de MM. *Lucas père*, garde des galeries, et *Jean Thouin*, premier jardinier. Il serait difficile de choisir deux hommes plus propres à ces emplois, et c'est à mon avis le plus bel éloge que l'on puisse faire des personnes qui possèdent des places utiles.

FIN.

TABLE ALPHABÉTIQUE

DES Noms des animaux et autres objets décrits dans ce volume, ainsi que des Mots dont on a cru devoir donner la signification.

FIN DE LA TABLE DU TOME DERNIER.

Fautes à corriger dans ce volume.

Page 7, ligne 14, *au lieu de* ou testacés, *lisez* et testacés. — Pag. 19, lig. 19, *après* habitées, *lisez* par. — Pag. 78, lignes 10 et 11, *lisez* les coquilles à deux valves sont placées... — Pag. 91, lig. 14, qu'une petite espèce de, *lisez* qu'un petit. — Pag. 114, ligne dernière, laquelle, *lisez* lequel. — Pag. 189, lig. 11, s'ils, *lisez* si elles. — Pag. 204, lig. 13, du, *lisez* de. — Pag. 236, lig. 3, passagers, *lisez* passagères. — Pag. 264, lig. 10, en grand, *lisez* un grand. — Pag. 324, lig. 9, comprises, *lisez* compris.

LES

MÈRES RIVALE

www.ingramcontent.com/pod-product-compliance
Lightning Source LLC
LaVergne TN
LVHW010128230826
846091LV00001BA/182

* 9 7 8 2 3 2 9 3 8 2 8 7 6 *